SHUIWURAN TUFA SHIJIAN FANGKONG YU YINGJI DIAODU

水污染突发事件防控与应急调度

柴福鑫　贺华翔　谢新民　等著

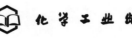

化学工业出版社

·北京·

本书针对水污染突发事件应对中的关键技术问题，结合松花江流域开展的一系列实践性研究，主要介绍水污染突发事件剖析、风险识别与等级划分、多级防控体系、应急调度模型与技术、应急调度会商平台等，为我国大江、大河应对水污染突发事件的应急处置提供了技术支撑。

本书可供水利、环保、交通、国土资源与科研院所等部门的科技工作者、管理人员以及大专院校有关专业师生参考阅读。

图书在版编目（CIP）数据

水污染突发事件防控与应急调度/柴福鑫等著. —北京：化学工业出版社，2019.10

ISBN 978-7-122-30528-2

Ⅰ. ①水⋯　Ⅱ. ①柴⋯　Ⅲ. ①水污染-突发事件-污染控制-应急对策　Ⅳ. ①X520.7

中国版本图书馆 CIP 数据核字（2017）第 211831 号

责任编辑：吕佳丽　　　　　　　　　　　　装帧设计：王晓宇
责任校对：王　静

出版发行：化学工业出版社（北京市东城区青年湖南街 13 号　邮政编码 100011）
印　　刷：三河市航远印刷有限公司
装　　订：三河市宇新装订厂
710mm×1000mm　1/16　印张 11　字数 192 千字　2020 年 1 月北京第 1 版第 1 次印刷

购书咨询：010-64518888　　　　　　　售后服务：010-64518899
网　　址：http://www.cip.com.cn

凡购买本书，如有缺损质量问题，本社销售中心负责调换。

定　　价：88.00 元

前言 | FOREWORD |////////////////////////

自古以来，工农业生产都是依水而建，河流孕育了华夏文明。随着我国改革开放的不断深入，社会经济持续高速发展，河道两岸的大中城市和重要工农业不断发展，一方面增加了河流的污染负荷，另一方面也极大地增加了水污染突发事件发生的可能性。据统计，我国水污染突发事件频发，近年来每年发生水污染事件近900起，平均每天2～3起，造成了重大的社会经济损失，甚至威胁了供水安全与生态安全。开展面向水污染突发事件的风险识别、多级防控以及多水利工程联合调度研究与系统开发，对于提高应对水污染突发事件的能力，减小社会经济损失和保护生态环境等具有很强的现实意义。

松花江流域是我国东北地区最重要的工业基地与粮食主产区之一，松花江干支流沿岸的吉林、长春、松原、齐齐哈尔、哈尔滨、牡丹江、佳木斯等城市是东北地区重要的工业基地，工业企业密布于河道两岸，很多企业污水直接排入河流，容易造成水污染突发事件，比如2005年的松花江水污染事件和2010年的化工桶污染事件等，严重影响了沿岸正常的生产与生活，造成了重大的经济损失和生态环境破坏。

《水污染突发事件防控与应急调度》一书，是在国家水体污染控制与治理科技重大专项的子课题"松花江流域干流水库群面向水污染突发事件的联合调度系统开发(2008ZX07207-006-05)以及松花江水污染突发事件风险识别及多级防控应急调度成套技术(2012ZX07201-006-05)"等研究成果的基础上编写而成的。本书以松花江流域为研究对象，通过对水污染突发事件的剖析和典型事件的分析，提出了水污染突发事件风险识别方法、多级防控措施，构建了水污染突发事件应急调度模型、水库群对河流水质的调控机制等，研发了面向水污染突发事件的应急调度决策会商系统平台，为应对水污染突发事件提供了重要技术支撑，为我国相关流域或区域进行突发水污染应急管理、应急系统的研发和应急预案的制订提供了参考和借鉴。

本书由中国水利水电科学研究院和西安理工大学等单位的研究人员共同编著。全书共分7章，分别为概述、水污染突发事件剖析、水污染突发事件风险识别与等级划分、水污染突发事件多级防控体系、应急调度模型与技术、水污染突发事件应急调度会商平台、总结与展望等。本书第一章由谢新民、赵妍、杨丽丽执笔；第二章由谢新民、杨丽丽、赵妍执笔；第三章由柴福鑫、贺华翔、谢新民执笔；第四章由柴福鑫、谢新民、贺华翔执笔；第五章由柴福鑫、贺华翔、肖伟华执笔；第六章由柴福鑫、李建勋、李维乾执笔；第七章由柴福鑫、赵妍、谢新民执笔。全书由柴福鑫、贺华翔、谢新民、赵妍统稿。

在项目完成及本书编写过程中，得到了国家水体污染控制与治理科技重大专项办公室、水利部国际合作与科技司、水利部松辽水利委员会水文局、松辽流域水资源保护局、吉林省水利厅、黑龙江省水利厅等单位的领导和专家的大力支持与帮助。本书的出版还得到了国家水体污染控制与治理科技重大专项课题"基于水环境风险防控的松花江水文过程调控技术及示范课题（2012ZX07201-006）"的资助。在本书正式出版之际，特向支持和帮助过本书撰写和出版工作的有关单位领导和专家一并表示衷心的感谢！

　　受作者水平所限，书中难免存在不足之处，恳请读者批评指正！

著者

2019 年 6 月于北京

目录 | CONTENTS |

第一章

概　述

第一节　研究背景与现状

一、研究背景

当前我国水污染突发事件频发，近年来每年发生水污染事件近900起，造成了重大的社会经济损失，威胁城市供水与生态安全。松花江流域沿岸的吉林、松原、齐齐哈尔等城市是东北地区重要的化工基地，容易造成水污染突发事件。如2005年的松花江水污染事件和2010年的化工桶污染事件，严重影响了沿岸正常的生产和生活，造成了重大的经济损失和生态环境破坏。

污染物进入水体后，随水流扩散、运移，逐步影响下游生活、工农业生产用水以及生态环境用水。河道内的水体是污染物载体，其水文特征直接影响污染物的扩散程度。有效发挥水利工程的作用，合理调度水库、拦河闸坝及各种取用水工程，对减缓或加速污染物的运移和扩散将起到至关重要的作用。为了提高应对水污染突发事件的应急能力、充分发挥水利工程的调控作用和效果，通过多种调控手段对流域污染风险进行综合防治，有必要开展面向水污染突发事件的多级防控和应急调度技术研究与决策支持系统的研发。

二、相关技术领域研究进展

国外开展水污染突发事件方面的研究较早，主要针对应急政策、法规和体系等方面的研究。比较典型的事件有1986年三都斯（Sandos）化学品泄漏事件。

这一事件与松花江水污染事件有许多相似之处，从这次事件中吸取的教训对后来欧盟修订所谓的《塞维索Ⅱ法令》，签订《巴塞尔公约》以及《莱茵河保护公约》做出了贡献。纵观国外对突发水污染应急事件的处置，有以下几点值得我们学习：①加强风险评估和管理，制定应急计划；②提高第一响应的能力；③加强监测，及时上报和公布信息；④快速决策，制定有效的应急方案。

我国在针对水污染突发事件防控方面的研究比国外晚，早期的研究主要集中于河流、湖泊的水污染补水应急调度以及应急预案等方面，典型的研究案例包括淮河的水质水量联合调度、太湖蓝藻的补水调度、黄河支流突发性水污染的应急调度等。自2005年松花江水污染突发事件发生后，针对水污染突发事件的研究开始逐渐增多，但大多数研究限于制定应急管理办法、应急体系以及突发水污染事件模拟等方面，多级防控应急调度方面的研究还不多见。综合国内外研究现状，考虑防洪、供水、发电、航运和水生态环境多目标的应急调度模型和系统构建方面的研究将是该领域的重点和难点。结合本书的研究重点，从应急调度模型、水质模拟以及系统研发等三个方面进行研究综述。

（一）应急调度方面

我国对水库调度及相关领域的研究较早，但针对水污染事件以及生态环境修复或改善的调度方面的研究起步较晚。比较有代表性的研究始于20世纪90年代，尤其是2005年松花江水污染事件后，这方面的研究开始深入和扩展。比较有代表性的研究如下：张波、王桥等（2007年）建立了基于系统动力学的松花江水污染事故水质模拟模型，结合松花江特大水污染事故的现场监测数据进行模型参数率定以及模型验证；张永勇、夏军等（2007年）开展了淮河流域闸坝联合调度对河流水质影响分析，以淮河流域SWAT水文模型和相邻闸坝间的水量水质模型为基础，以淮河支流沙颍河为例，研究分析了沙颍河闸坝开启污水下泄对淮河干流下游水质的影响；戴甦等（2008年）在原有太湖流域水量模型的基础上，开发了一维、二维连接的水量水质耦合数学模型，并在GIS统一平台下对模型进行了集成，开发了引江济太水量水质联合调度系统，并以太湖流域2003年为典型年，根据调水目标和调水约束条件，研究引江济太水量水质联合调度方案，提出了较优的引水方案；赵山峰等（2009年）对黄河突发水污染事件应急预案体系进行了分析，指出了目前预案体系存在的主要问题，提出了应急预案修订原则和注意事项；张军献、张学峰等（2009年）对突发水污染事件处置中水利工程运用进行了分析，指出水利工程运用方式主要有"拦"水、"排"水、"截"污或"引"污、"引"水等，可以采取单个或多个既有工程的运用，也可建设临时工程；要考虑防汛、用水、抗旱和水利工程的基本条件等因素的影响，应确定合理的启用条件和限制条件，并提供必要的技术支持；于达等（2009年）将2005年松花江吉林段水污染事件作为研究对象，建立了基于反应扩散方程的点源模型，对松花江突发水污染事故的水质进行模拟；辛小康等（2011年）借助MIKE21水质模型，计算了三峡水库不同调度方式对宜昌江段三种排放类型的污染物舒缓作用，探讨了水库应急调度措施的有效性和可行性，并指出大流量短时调度优于小流量长时调度，水库调度对瞬排型事故的作用明显。

（二）水质模拟方面

水质模型（water quality model）是根据物质守恒原理用数学的语言和方法，描述参加水循环的水体中水质组分所发生的物理、化学、生物化学和生态学等诸方面的变化、内在规律和相互关系的数学模型。它研究水环境中污染物质的扩散、输移与转化规律，是进行环境规划、设计、管理的核心问题。水质模型着重于将物理因素（水动力学、泥沙输移和地形条件）、化学因素（保守与非保守物质的传输、反应动力学和水质）和生物因素（生态学）作为一个系统来进行研究。研究水质模型主要是为了描述环境污染物在水中的运动和迁移转化规律，可用于实现水质模拟和评价，进行水质预报和预测，制订污染物排放标准和水质规划，进行水域的水质管理等。为水资源保护服务，是实现水污染控制的有力工具。

水质模型至今已有90多年的历史。最早的水质模型是于1925年在美国俄亥俄河上开发的斯特里特-菲尔普斯模型（简称S-P模型），模拟指标为DO和BOD。1977年美国环境保护局发布的QUAL2型水质模型，便是S-P模型的改进和完善。它的最新版本QUAL2E（1982年）能模拟任意组合的15种水质参数。1980年之后，随着水质研究的深入，另一类描述水中有毒物的模型应运而生。由于考虑了泥沙的作用，使这类模型变成了一个描述水流、泥沙和其他水质组分相互作用的气、液、固三相共存的复杂体系，代表模型是美国环境保护局发布的WASP5模型（1994年），能模拟有毒物质在水中发生的酸碱平衡、挥发、沉淀、溶解、水解、生物降解、吸附和解析、氧化还原、生物聚集、光解以及大气的干、湿沉降等过程。与此同时，以食物链和能量传递为主线的生态学模型也有了长足的发展。

现阶段水质模型主要用于分析污染物运移规律、点源排放量对河道水质以及纳污能力影响等问题，模拟点源污染对河道水环境响应机制的研究已逐步成熟，而非点源污染由于其涉及面广、随机性强，模拟技术尚不成熟，因此水质模型也逐步向非点源污染预测等问题的研究方向发展。

水质模型可按其空间维数、时间相关性、数学方程的特征以及所描述的对象、现象进行分类和命名。根据具体用途和性质，水质模型的分类如下。

（1）从模型描述的范围可将水质模型分为河道水质模型和流域水质模型。河道水质模型研究主要从水动力学的移流扩散方程入手，考虑河道中污染物的迁移转化反应，研究河道上下游在不同的污染源排放条件下的水质状况；流域水质模型从流域尺度探索污染物的"产生—入河—转化"等过程，可模拟不同社会经济发展、污水处理水平等条件下的流域水质状况。

（2）从是否含有时间变量，根据水体的水力学条件和污染排放条件是否随时间变化，可以把水质模型分为稳态模型和非稳态模型，不同之处在于水力学条件和污染排放条件是否随时间变化。稳态水质模型用于模拟水质的物理、化学和水力学过程，而非稳态模型可用于计算径流、暴雨等过程，即描述水质的瞬时变化特征。

（3）根据研究水质维度，可把水质模型分为零维、一维、二维、三维水质模型。其中零维水质模型较为粗略，仅为对流量的加权平均，因此常常用作其他维度模型的初始值和估算值；而三维水质模型虽然能够精确反映水质变化，但是受到紊流理论研究的局限，还在理论研究当中。一维和二维模型则可根据研究区域的情况适当选择，一般可以达到研究精度。

（4）以管理和规划为目的，从描述的水体、对象、现象、物质迁移和反应动力学性质方面水质模型可分为四类，即河流水质模型、河口水质模型（加入了潮汐作用）、湖泊（水库）水质模型以及地下水水质模型。其中河流水质模型研究比较成熟，有较多成果，且能更加真实地反映实际水质行为，因此应用比较普遍。

（5）根据水质组分，水质模型可以分为单一组分、耦合和多重组分三类。其中 BOD-DO 耦合模型能够较成功地描述受有机污染的水质变化情况。多组分水质模型比较复杂，它考虑的水质因素更多，例如水生生态模型等。

（6）按数学方程的特性分为确定性水质模型和随机性水质模型。以宏观角度来看，确定性水质模型可用于研究湖泊、河流以及河口的水质。模型考虑了系统内部的物理、化学以及生物过程和流过边界的物质通量和能量。随机性模型描述河流中物质的行为是非常困难的，因为河流水体中各种变量必须根据可能的分布，而不是它们的平均的或期望的值来确定。

（三）系统研发方面

目前，随着计算机和监测技术的跨越式发展，在西方发达国家已经形成一整套完善的水污染监测预警和应急保障体系。在法国，六大流域的各水文监测网点上已实现在线监测各种水情、雨情、河流水环境指标。而在德国，各河流都建立了水质预报模型，实现了水质的自动检测和预报。欧洲多瑙河流域的德国、奥地利等9个国家的相关研究机构和政府部门，针对多瑙河这一跨国河流突发性污染事故多发的实际情况，设计了"多瑙河突发性事故应急预警系统"，该系统主要采用遥感系统对污水、洪水等进行实时监控，对各类事故进行预报、预警，其系统数据库不仅包括各支流的水力特性值，还包括各支流排污源（排污工厂、城市污水）的污染物排放量，污染物排放量的水质标准和水质监测的动态数据，水污染可能影响的范围、传播的速度，拟采取的措施等。该系统从1997年4月开始运行，经过不断地更新和改进，已具有快速的信息传递能力、较为完备的危险物质数据库、较为准确的污染物影响模拟水准，逐渐成为多瑙河突发性污染事故风险评价和应急响应的主要工具。György等指出多瑙河突发污染事故应急预警系统主要侧重于突发污染事故发生后的跨界影响，关注的重点是利益相关者在信息沟通共享、预防应对策略选择等方面。纵观国外对水污染模拟的研究，多集中于水质模型和水环境监测系统的研究，虽然鲜有基于数字地球进行污染模拟的相关报道，但是国外现有的研究工作和成果对建立水污染仿真模拟支持系统具有重要的借鉴意义。

我国是一个水污染灾害频发和危害严重的国家。如何应用现代计算机技术对重大灾害进行模拟和评价，为相关部门提供准确、可靠、及时的信息，为防灾、救灾决策提供充分的科学依据，是国民经济建设和社会保障的重大问题，已经引起了政府及社会各界的广泛关注，国家各级政府及相关部门均给予了巨大的投入。如今，我国在基础理论、组织机构、政策法规、科学研究和各项工程措施等方面均取得了较大的进展。但是，对于人口众多、水资源短缺的中国来说，这方面的工作仍然是任重道远。

叶松等提出基于虚拟现实的水污染扩散模拟三维可视化方法，讨论了仿真模型与可视化一体化集成，对长江三峡库区万州段污染物迁移转化过程进行了动态仿真。窦明等综合运用地理信息系统（GIS）、遥感（RS）、网络、多媒体及计算机仿真等现代高新科技手段，建立了汉江水质预警系统，对汉江流域的地形地貌、水质状况、生态环境、水资源分布等信息进行数字化的采集和存储，实现了动态监测与处理，综合管理与传输，建立了基于全流域的水质信息基础平台。张波等将一维河流水质系统动力学模型用于水质模拟，建立了系统动力学和GIS关联的概念框架，并基于组件式GIS和系统动力学模型开发了水污染事件水质模拟实验系统。吴迪军等针对城市公共安全应急平台的需求，建立了水污染扩散的二维水质模型，同时研究了基于GIS的水污染扩散模拟结果的可视化方法和途径，并在ArcGIS平台上实现了模拟结果的动态可视化，为水污染事件灾害应急处置和决策提供了重要依据。丁贤荣等根据水污染事件发生、发展过程中的不确定性的特点，以及污染事故控制与处理的时效性和最大限度减少损失的原则，采用弹性组织事故现场信息的方法，分析污染事故的基本情况，实现了河流水污染突发事故影响状况的高效模拟，并且将 GIS 与水污染模型技术相结合，开发了适合长江三峡水环境决策管理的水污染事件模拟子系统，可有效反映污染事件造成的水污染状况及其时空变化过程，为突发性水污染事件处理提供了强有力的决策支持。

综合国内外对于水污染模拟的研究和应用现状可知，大多数研究仅停留在模型优化和简单的模拟成果展示层面上。越来越多的学者利用计算机技术、仿真技术和 GIS 技术从可视化角度出发，对流域空间上良好的分析、查询、模拟等支撑作用，建立了二维和三维的可视化水污染模拟系统。国外具有代表性的是 Tsanis 和 William 等对水污染问题的模拟。前者是将污染物在湖泊中的迁移变化结果在 ArcView 中显示，而后者是在 GIS 中模拟污染物在水体中的迁移规律；国内有代表性的研究是基于 GIS 的水污染事件、水环境污染模拟和监控系统方面的研究。另外，部分研究中还涉及 GPS、RS 等技术。这些时空方面的模拟研究以动态效果模拟了污染物浓度值在水体中的分布趋势，为决策者提供了真实、丰富、具体的信息，对有效处置和应对突发水污染事件起到了非常大的作用。但在 3S 集成环境下，特别是在数字地球平台下进行的水污染模拟研究的深度还不够，且大多未能支持应急措施的展示，这就造成模拟过程缺乏详尽的空间、地形以及应急信息，进而使模拟结果无法得到有效的验证。

可见，水利行业经过多年的发展，已经积累了大量的空间信息资源，完全有条件开发和利用 3S 集成化服务环境来解决相关问题，特别是突发水污染问题，由于其涉及地域面积广，影响时间长，有明显的时空分布特点，仅靠模型计算难以实现对全局信息的掌握，很有必要引入 3S 集成平台，对污染数据进行全方位的信息展示和分析。目前，三维仿真技术主要分为基于三维软件（Skyline、ArcGlobe、EV-Globe 等）的二次开发以及基于开源（World Wind、OGC 等）的或自主开发的三维系统，前者三维场景搭建快捷、二次开发容易，但用户定制功能受约束、价格昂贵，后者成本低、便于用户定制，但开发工作量大。

为了便于研究合理的水污染防治手段，高效率、高精度地采集并共享水污染数据，从而合理地解决水污染的防治问题，就需要基于数字地球平台，并结合复杂性理论，形成解决更加贴合实际的复杂水质模型，通过水质模型和 3S 集成环境的耦合，为水质模拟提供一个集成地形地貌等空间信息的时空分布展示平台，更好地服务于实际需要。

第二节　流域概况

一、河流水系

松花江是中国七大江河之一，有南北两源，北源嫩江，南源第二松花江（简称"二松"），嫩江、第二松花江在吉林省扶余县的三岔河附近汇合后称松花江（干流，简称松干），在黑龙江省同江市注入黑龙江。

松花江全长 2328km，流域面积 $56.12 \times 10^4 km^2$；第二松花江发源于长白山脉的主峰白头山天池。松花江流域水系概化图见图 1-1。

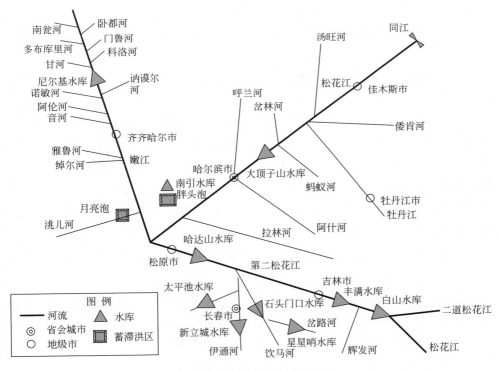

图 1-1　松花江流域水系概化图

（1）嫩江　嫩江发源于大兴安岭伊勒呼里山的中段南侧，正源称南瓮河（又称南北河）。

嫩江干流流经黑龙江省的嫩江镇、齐齐哈尔市、内蒙古自治区的莫力达瓦旗与吉林省的大赉镇，最后在吉林省扶余县三岔河与第二松花江汇合，嫩江全长 1370km，流域面积为 $29.7 \times 10^4 km^2$。流域内包括内蒙古自治区的呼伦贝尔盟、兴安盟，黑龙江省的大兴安岭、黑河、嫩江、绥化等地区和齐齐哈尔市以及吉林省的白城地区。

嫩江支流包括甘河、讷谟尔河、诺敏河、乌裕尔河、雅鲁河、绰尔河、洮儿河、霍林河。嫩江上游，规划布置卧都河、窝里河、固固河、库莫屯四级水电站；嫩江中下游规划设置尼尔基和大赉两级水利枢纽。

（2）第二松花江　第二松花江在下两江口以上也分为二支，一条叫头道松花江（简称头道江），一条叫二道松花江（简称二道江），历史上以河流的长度及流域面积的大小确定以二道松花江为第二松花江上游的干流。

第二松花江发源于长白山脉的主峰白头山天池。流域在行政区划上分属吉林省延边、通化、吉林、四平、长春、白城6个地区，包括2个市和22个县，是吉林省人口集中、工农业较发达、交通方便的地区。第二松花江为东北地区主要河流之一，较大的支流有辉发河、饮马河等；流域面积为 $7.34 \times 10^4 km^2$，河流总长为 958km。

第二松花江流域广，上游水力资源丰富，适宜梯级开发；中下游航运发达，沿江为主要工农业区；下游是重要渔业基地。两江口-丰满为上游区，长 200 多千米，流经龙岗山和吉林哈达岭等低山丘陵，河道弯曲，多窄谷陡壁，又因汇入辉发河，水量丰富，丰满、白山等大型电站皆建于此。丰满-松花江站为中游区，长 192km。西北流经吉林丘陵、台地，有五里河、鳌龙河和牤牛河等汇入；一般地势开阔，河谷平原占优势，为吉林地区主要"谷仓"和蔬菜基地。该段水量受丰满水库控制，流经吉林市区，最大洪峰流量 6140m³/s，丰满至九站冬季不封。松花江站-三岔河口为下游区，长 165km，流经松嫩平原，有饮马河汇入，河道宽深，多岔流、沙滩和牛轭湖；封冻期为 11 月中下旬至翌年 4 月上中旬，130 天左右。航运上至吉林，下达三岔河口等地。

（3）松花江干流　松花江是指嫩江和第二松花江在三岔河汇合后，折向东流至同江镇河口这段河道，也称松花江干流，全长 939km。

松花江干流右岸有拉林河、蚂蚁河、牡丹江、倭肯河等主要支流注入。左岸汇入的支流有呼兰河、汤旺河、梧桐河、都鲁河等。

松花江干流的开发任务是渠化河道，以满足通航要求，设置了七级航运枢纽。

二、水利工程

松花江流域已建成大、中、小型水库 6551 座，总库容 $257.28 \times 10^8 m^3$，其中大型水库 22 座，总库容 $240.47 \times 10^8 m^3$，防洪库容 $64.16 \times 10^8 m^3$。在大型水

库的总库容中，松花江干流上的丰满、白山水库的库容为 $155.63 \times 10^8 \, \mathrm{m}^3$，占流域大型水库总库容的 64.7%，而水库的防洪库容为 $26.52 \times 10^8 \, \mathrm{m}^3$，占大型水库防洪总库容的 41.3%。22 座大型水库控制流域面积为 $10.41 \times 10^4 \, \mathrm{km}$，占流域总面积的 18.7%；中型水库 103 座，总库容 $27.6 \times 10^8 \, \mathrm{m}^3$，但防洪库容较小，大部分为农田灌溉而兴建。其中，松花江流域主要控制性水利工程包括白山、丰满、哈达山、尼尔基、大顶子山。

三、主要污染物

松花江流域的主要污染物为石油类、高锰酸盐、BOD_5 和六价铬。嫩江区域的主要污染物为高锰酸盐和氨氮，其主要的污染来源于流域内农药、化肥的使用造成的面源污染，以及轻工业（如造纸、制糖业）和生活污水的排放。第二松花江区域石油类、氨氮污染最为严重，其最大的工业污染源是吉林市，工业废水高锰酸盐指数约为长春市的 9 倍，工业废水氨氮的排放量约为长春市的 15 倍。以吉林化学公司和长春汽车制造厂为主体的化工、机械加工、能源等产业结构为主的工业废水排放造成了第二松花江的水体污染。松花江干流的主要污染物为高锰酸盐、BOD、氨氮、石油类和六价铬。干流沿岸的主要工业城市包括哈尔滨、牡丹江、佳木斯等，高耗能和高污染结构型污染十分突出，其工业废水排放量占黑龙江省的 40% 以上，主要行业有造纸、酿造、化工、化肥、医药、纺织、采矿，城市工业区污染严重。

第二章

水污染突发事件剖析

第一节 水污染突发事件概述

一、水污染突发事件

水污染事件是指含有高浓度污染物的液体或者固体突然进入水体，使某一水域的水体遭受污染从而降低或失去使用功能并产生严重危害的现象。

水污染突发事件也被称为突发性水污染事件，目前尚没有明确的定义，一般是指人为或者自然灾害引起，使污染物在短期内恶化速率突然加大的水污染现象；没有固定的排放方式和途径，且突发、凶猛，在瞬时间内排放大量有害污染物或某种物质进入水体，导致水质恶化，影响水资源的有效利用，使社会、经济的正常活动受到严重影响，水生态环境受到严重危害的事件。水污染突发事件主要是由水陆交通事故、企业违规或事故排污和管道泄漏等造成的。水污染突发事件对人类健康及生命安全造成巨大威胁，其危害制约着生态平衡及社会经济的发展。近年来中国发生的部分重大水污染突发事件案例见表 2-1。

表 2-1 近年来中国发生的部分重大水污染突发事件案例

时间	事件	事件概况
1994.7	淮河水污染事件	淮河上游因突降暴雨而采取开闸泄洪的方式，将积蓄于上游一个冬春的 $2 \times 10^8 m^3$ 水放下来。水经之处河水泛浊，河面上泡沫密布
2002.10	南盘江水污染事件	南盘江柴石滩以上河段发生严重的水污染突发事件，造成上百吨鱼类死亡，下游柴石滩水库 $3 \times 10^8 m^3$ 水体受到污染

续表

时间	事件	事件概况
2002.11	陕西延河污染事件	陕西安塞县境内山体滑坡导致输油管断裂,超过50t原油流入延河干流
2003.12	"12.11"砒霜泄漏污染事件	广西金秀县一辆载有20t砒霜的货车发生翻车事件,约7t砒霜进入河道,约有600kg泄漏
2003.12	"12.29"溢油事件	进港集装箱船"永安州1"轮与出港油轮"兴通油2"在广州伶仃道13号、14号灯浮附近水域主航道发生碰撞,导致"兴通油2"轮右舷6号破损,溢油近100t,水域受到严重污染
2004.3	沱江"3.02"特大水污染事故	由于川化集团一工厂事故排放,四川沱江遭受严重污染,沿岸80多万居民、上千家企业受到影响,内江断水26d
2004.6	龙川江楚雄段水污染事件	楚雄市龙川江发生严重镉污染事件,楚雄水文站、智民桥、黑井等断面的总镉超标36.4倍
2005.11	松花江重大水污染事件	11月13日,中石油吉林石化公司双苯厂苯胺车间发生爆炸事故。事故产生的约100t苯、苯胺和硝基苯等有机污染物流入松花江,造成第二松花江和松花江干流水体污染
2007.5	太湖蓝藻事件	太湖蓝藻暴发导致无锡市饮用水源被污染
2007.8	富春江污染事件	杭州富春市一辆汽车运输车发生翻车事故,部分汽油流入富春江
2008.7	郑州污染事件	大雨将垃圾冲进尖岗水库,郑州一级备用水源被污染
2008.8	伊通河水污染事件	长春市市政部分管线泄露,污水漏到伊通河里,导致河水污染
2010.7	松花江化工桶水污染事件	7月28日,受洪水影响,吉林市永吉县新亚强化工厂7000多只装有三甲基一氯硅烷的原料桶(每只160~170kg)被冲到河里,幸好应对及时,未造成大范围污染
2011.6	杭州苯酚罐车泄漏事件	6月4日,杭新景高速苯酚槽罐车泄漏,导致污染物随雨水进入新安江,威胁了杭州市水源
2012.12	山西长治苯胺泄漏事件	12月31日,位于长治境内的某化工厂因设备破裂导致苯胺泄漏,并随河水进入岳成水库,威胁邯郸市饮水安全
2014.4	兰州水污染事件	4月10日,兰州水厂在自来水中检出苯含量严重超标

二、水污染突发事件分类与特点

(一) 水污染事件分类

(1) 水污染物分类 通常认为水体因人类活动,使某种物质的介入而导致其化学、物理、生物或者放射性等方面特性的改变,从而影响水的有效利用、危害人体健康或者破坏生态环境、造成水质恶化的现象就是水污染。可见造成水污染事件的污染源，按照属性可分为物理性污染源、化学性污染源和生物性污染源。主要水污染物的分类见表 2-2。

表 2-2 主要水污染物分类

类 型			主要污染物
化学性污染物	无机无毒物	微量元素	Fe、Cu、Zn、Ni、V、Co、Se、B、I 等
		酸、碱、盐污染物	HCl、SO_4^{2-}、HS^-、酸雨等
		硬度	Ca^{2+}、Mg^{2+}
	需氧无机物(有机无毒物)		碳水化合物、蛋白质、油质、氨基酸、木质素等
	有毒物质	重金属	Hg、Cr、Cd、Pb、As 等
		非金属	F、CN^-、NO_2^-
		有机物	酚、苯、醛、有机磷农药、有机氯农药、多氯联苯、多环芳烃、芳香烃
	油类污染物		石油等
生物性污染物	营养性污染物		有机氮、有机磷化合物、NO_3^-、PO_4^{3-}、NH_4^+ 等
	病原微生物		细菌、病毒、病虫卵、寄生虫、原生动物、藻类等
物理性污染物	固体污染物		溶解性固体、胶体、悬浮物、尘土、漂浮物等
	感官性污染物		H_2S、NH_3、胺、硫、醇、燃料、色素、肉眼可见物、泡沫等
	热污染		工业热水等
	放射性污染物		^{238}U、^{232}Th、^{226}Ra、^{90}Sr、^{137}Cs、^{289}Pu 等

(2)水污染事件分类 按照污染物的性质及发生的方式，水污染突发事件可以分为四大类：①剧毒农药和有毒有害化学物质泄漏事故，如 DDT、乐果、氰化钾等；②溢油事故，如油罐车泄漏、油船触礁等；③非正常大量排放废水事故，如化工厂废水、矿业废水等；④放射性污染事故，如放射性废料渗出。

按照事件发生的水域可分为河流污染、湖泊污染、水库污染、河口污染、海洋污染等事件；按发生的范围可分为整个水域（如整个水库）和局部水域（如河道岸边）污染事件。

按照事件发生的状态可以分为渐变性事件和突发性事件。渐变性事件是经过较长时间的潜伏和演化，经过时空积累效应才体现出来，如农田施撒的农药经过长时间的聚集后成为污染事件。突发性事件是没有任何先兆的情况下发生的污染事件，如运输有毒化学品的车辆翻到水体中并产生泄漏。

（二） 水污染突发事件特点

水污染突发事件主要是由水、陆交通事故，企业排放和管道泄漏等造成的，其特点表现为突发性、扩散性、长期性和危害性。

（1）不确定性　①发生时间和地点的不确定性。引发水污染突发事件的直接原因可能是水上交通事故、企业违规或事故排污、公路交通事故、管道破裂等造成的，这些事件发生时间和地点的不确定性，决定了水污染突发事件的不确定性。②事件水域性质的不确定性。水域可以分为河流、水库、湖泊、河口、海洋和地下水等类型，还有洪水、潮汐、风浪等瞬时水文变化。③污染源的不确定性。事件释放的污染物类型、数量、危害方式和环境破坏能力的不确定性。而污染源的这些数据对于应急救援而言是极为重要的，也是水污染事件模拟的基本参数。④危害的不确定性。同等规模和程度的水污染事件，造成的污染危害是千差万别的，如污染事件发生地点距离城市水源地很近，城市供水就会中断，其后果将是灾难性的。

（2）流域性　河流具有流域属性决定了水污染事件同样具有流域性。水体被污染后呈条带状，线路长，危害容易被放大。一切与该流域水体发生联系的环境因素都可能受到水体污染的影响，如河流两侧的植被、饮用河水的动物、从河流引水的工农业用水户等，流域内的地下水由于与地表水产生交换，也可能被污染。

（3）影响的长期性和处理的艰巨性　水污染突发事件处理涉及因素较多，且事发突然，危害强度大，必须快速、及时、有效地处理，否则将对当地的自然生态环境造成严重破坏，甚至对人体健康造成长期的影响，需要长期的整治和恢复。但对于大型流域，由于水体容量大，处理难度相当大，很大程度上依靠水体的自净作用减缓危害，这对应急监测、应急措施的要求更高。

（4）应急主体不明确　许多水污染突发事件不能被人们直接感知，如看到、闻到，且污染物随流输移，造成"事件现场"的不断变化，在输移扩散的过程还可能因为各种水力因素的作用而产生脱离，出现多个污染区域。这直接造成了应急主体不明确，例如污染事件发生在两个地区交界的地方，按照快速响应的原则，就近的基层组织或企业应快速组织起来处理事件，但由于协调权力在上一级组织，经过若干次的通报、请示、指示程序，可能已经错过最佳的处理时间。

三、污染物性质及危害

（一）污染物性质

按照污染物的分类，对其主要性质进行了分析，具体见表2-3。

表 2-3　污染物的性质

类　　型			性质及特点
化学性污染物	无机污染物	无毒　酸碱盐类	易溶于水,常见的如盐酸、硫酸、硝酸、氢氟酸、高氯酸等
		有毒　非金属	溶于水,如氰化钠、氰化钾等
			相对密度(水=1)大于1,微溶于水,溶于氢氧化钠水溶液,如三氧化二砷(砒霜)、五硫化二磷等
			相对密度(水=1)小于1,溶于苯、乙醚、二硫化碳、四氯化碳,如三氯化磷等
		重金属	在水中不能被分解,与水中的其他毒素结合生成毒性更大的有机物
	有机污染物	无毒　需氧有机物质	易于生物降解,向稳定的无机物转化
		有毒　易分解有机毒物	相对密度(水=1)大于1,不溶于水或微溶于水,溶于乙醇、乙醚等,如硝基苯、氯苯、苯胺类、酚类化合物、醌类化合物等
			相对密度(水=1)小于1,不溶于水或微溶于水,溶于乙醇、乙醚等,如苯、甲苯、乙苯、苯乙烯、丙烯腈等
		难分解有机毒物	难降解,如有机氯农药、多氯联苯等
	油类污染物		漂浮于水面,形成油膜
生物性污染物	营养性污染物		大多数溶于水,如有机磷化合物、NO_3^-、PO_4^{3-}、NH_4^+等;有机氮不溶于水
	病原微生物		一般游离于水中
物理性污染物	固体污染物		包括溶解性固体(盐、糖类)、悬浮物(蓝藻、硅藻等)和漂浮物(胶体漂浮物和尘土等)
	感官性污染物		气味性污染物:硫化氢溶于水,氨溶于水,硫不溶于水且密度大于水;颜色类污染物:色素、泡沫等,一般溶于水或微溶于水,悬浮于水面
	热污染		常见于工业废水或冷却水,溶于水,相对密度微小于常温水
	放射性污染物		放射性物质一般相对密度大于水,铀、镭、锶、铯溶于水,钇、钍不溶于水

（二）污染物来源及危害

1. 化学性污染物

（1）无机污染物　无机污染物主要来源如下。

① 矿山排水和运输途中落下的矿石（水中无机物的最大来源之一）。

② 冶金、化工、化肥、机械制造、电子仪表、涂料等工业废水。

③ 地表径流（特别是来自含有某种矿物成分的特殊地质层的径流）。

④ 农田排水。

⑤ 大气中降落于水体的无机粉尘。

⑥ 岩石风化、火山爆发等自然过程中进入水体的无机物。

无机污染物主要危害包括以下几点。

① 水中无机物微量元素过低，会引起生物的摄入量不足，使生物体内某些功能失调或导致疾病。

② 污染水体中某些元素及盐类的浓度增大，则水的渗透压力增加，对水中生物产生不利影响。

③ 无机毒物可通过饮水或食物链引起生物或人类急性和慢性中毒，例如甲基汞中毒（水俣病）、镉中毒（痛痛病）、砷中毒、氰化物中毒、铬中毒、氟中毒等。

④ 某些元素（如砷、铬、镍等）及其化合物污染水体后，能在悬浮物、底泥和水生物体内蓄积，若长期饮用这种水，则可能诱发癌症。

⑤ 一些金属元素（如铅、铜、锌等）在一定浓度下抑制微生物生成和繁殖，影响水体自净过程。

⑥ 某些重金属（如汞、铅等）在底泥中经微生物甲基化作用，成为水体次生污染源。

（2）有机污染物　水中有机污染物的主要来源是城市污水、农业污水、工业废水和石油废水。其中，城市污水水中含有碳水化合物、蛋白质、油脂和合成洗涤剂，农业污水来源广，数量大，危害严重。

水中有机物按来源可分为以下两类。

① 天然有机物，指生物产品、代谢产物和生物残体，主要为碳水化合物、蛋白质和油脂。

② 人工合成有机物，主要有塑料、合成纤维、洗涤剂、溶剂、染料、涂料、农药、食品添加剂和药品等。有机合成工业发展迅速，人工合成有机物的种类和数量也随着增加。

有机污染物主要危害包括以下几点。

① 需氧有机物使水中溶解氧大幅度下降。

② 剧毒物质（如氰化物、砷化物、农药等）使水生物慢性中毒或急性中毒。

③ 汞、铜、铅等重金属，不仅能使生物发生急性中毒，而且能在水体中沉积成为次生污染源，并易在生物体内累积，造成慢性中毒。

④ 砷、铬、镍、铍、苯胺、多环芳香烃、卤代烃等，有致突变、致畸、致癌作用。

⑤ 致色物和油类使水体失去旅游、观光和疗养价值。

⑥ 有机氯农药、多氯联苯等有机氯化合物能毒死幼鱼和虾类，或在成鱼体内累积，使繁殖力衰减，影响胚胎发育和鱼苗成活率。这些化合物经过食物链逐

级被富集,威胁居于营养级顶端生物的生存(如某些鸟类因此趋于灭绝)。

2. 生物性污染物

(1)营养性污染物 植物营养物质的来源广、数量大,有生活污水(有机质、洗涤剂)、农业肥料(化肥、农家肥)、工业废水、垃圾等。植物营养物主要指氮、磷等能刺激藻类及水草生长、干扰水质净化,使 BOD_5 升高的物质。水体中营养物质过量所造成的"富营养化"对于湖泊及流动缓慢的水体所造成的危害已成为水源保护的严重问题。

(2)病原微生物 生活污水、畜禽饲养场污水以及制革、洗毛、屠宰业和医院等排出的废水,常含有各种病原体,如病毒、细菌、寄生虫。

3. 物理性污染物

(1)固体污染物 水中固体污染物质的存在形态有悬浮状态、胶体状态和溶解状态三种。呈悬浮状态的物质通常称为悬浮物,是指粒径大于 100nm 的杂质,这种杂质造成水质显著浑浊。其中颗粒较重的多数是泥沙类的无机物,以悬浮状态存在于水中,在静置时会自行沉降;颗粒较轻的多为动植物腐败而产生的有机物质,浮在水面上。悬浮物还包括浮游生物(如蓝藻类、硅藻类)微生物。所谓胶体状态的物质状态的物质是指粒径在 1~100nm 之间的杂质。胶体杂质多数是黏土无机胶体和高分子有机胶体。高分子有机胶体是分子量很大的物质,一般是水中的植物残骸经过腐烂分解的产物,如腐殖酸、腐殖质等。黏土性无机胶体则是造成水质混浊的主要原因。胶体杂质具有两种特性:一种是由于单位容积中胶体的总面积很大,因而吸附大量离子而带有电性,使胶体之间产生电性斥力而不能互相黏结,颗粒始终稳定在微粒状态而不能自行下沉;另一种是由于光线照射到胶体上被散射而造致混浊现象。呈溶解状态的物质,其粒径大约在 1nm 以下,主要以低分子或离子状态存在。这种杂质不会产生水的外表混浊现象,例如食盐溶解于水,水仍然是透明的。

水中固体污染物质主要是指固体悬浮物。大量悬浮物排入水体中,造成外观恶化、浑浊度升高,改变水的颜色。悬浮物沉于河底淤积河道,危害水体底栖生物的繁殖,影响渔业生产;沉积于灌溉的农田,则会堵塞土壤孔隙,影响通风,不利于作物生长。

(2)感官性污染物 洗涤剂等表面活性剂对水环境的主要危害在于使水产生泡沫,阻止了空气与水接触而降低溶解氧,同时由于有机物的生化降解耗用水中溶解氧而导致水体缺氧。高浓度表面活性剂对微生物有明显毒性。

(3)热污染 热污染是一种能量污染,它是工矿企业向水体排放高温废水造成的。一些热电厂及各种工业过程中的冷却水,若不采取措施,直接排放到水体中，均可使水温升高，水中化学反应、生化反应的速率随之加快，使某些有毒物质（如氰化物、重金属离子等）的毒性提高，溶解氧减少，影响鱼类的生存和繁殖，加速某些细菌的繁殖，助长水草丛生、厌氧发酵、产生恶臭。鱼类生长都有一个最佳的水温区间。水温过高或过低都不适合鱼类生长，甚至会导致死亡。不同鱼类对水温的适应性也是不同的，如热带鱼适于 $15 \sim 32 \text{℃}$，温带鱼适于 $10 \sim 22 \text{℃}$，寒带鱼适于 $2 \sim 10 \text{℃}$ 的范围。一般水生生物能够生活的水温上限是 $33 \sim 35 \text{℃}$。

（4）放射性污染　放射性污染是放射性物质进入水体后造成的。放射性污染物主要来源于核动力工厂排出的冷却水、向海洋投弃的放射性废物、核爆炸降落到水体的散落物、核动力船舶事故泄漏的核燃料。开采、提炼和使用放射性物质时，如果处理不当，也会造成放射性污染。水体中的放射性污染物可以附着在生物体表面，也可以进入生物体蓄积起来，还可通过食物链对人产生内照射。水中主要的天然放射性元素有 ^{40}K、^{238}U、^{286}Ra、^{210}Po、^{14}C、氚等。目前，在世界任何海区几乎都能测出 ^{90}Sr、^{137}Cs。

四、污染物一般应对措施

根据污染物的性质及危害，整理了主要污染物的应对措施，见表 2-4。

表 2-4　主要污染物的常规应对措施

名称或类型	应对措施
盐酸、硫酸、硝酸、磷酸等酸性无机污染物	投放工业碱中和稀释污染水体，在确保安全情况下堵漏。喷水雾减慢挥发，但不要对泄漏物或泄漏点直接喷水，应用沙土、干燥石灰或苏打灰混合，收集运到废物处理场所处理；也可以用大量水冲洗，经稀释后放入废水系统。如大量泄漏，利用围堤收集，然后收集转移
氢氧化钠	隔离泄漏污染区，不要直接接触泄漏物，应以清洁的铲子收集于干燥洁净有盖的容器中，以少量 NaOH 加入大量水中，调节至中性，再放入废水系统；也可以用大量水冲洗，经稀释的污水放入废水系统
氢氧化钙	投放 $CaCO_3$ 稀释水体。不可碰触泄漏物；在不危及人员安全情况下，尽可能阻止漏溢；小量溅出时用砂或其他不燃物吸附，然后将其装入容器中，待以后处理；少量干燥外泄物外泄时：用干净铲子将外泄物铲入干净干燥容器内并加盖密封，将容器从外泄区移走；大量溅出时应先筑堤，待以后处理
无机盐	加大流量稀释
氰化物	对少量泄漏，可在泄入水体中喷洒过量漂白粉或次氯酸钠溶液，清除泄漏物；对大量泄漏，必要时应在江河下游一定距离构筑堤坝，控制污染范围扩大，同时严密监控，直到监测达标
氟化物	若泄入水体，对少量泄漏，可在泄入水体中喷洒过量漂白粉或次氯酸钠溶液，清除泄漏物；对大量泄漏，必要时应在江河下游一定距离构筑堤坝，控制污染范围扩大，同时严密监控，直到监测达标

续表

名称或类型	应对措施
砷	通过石灰水调节 pH 值,同时投加适量聚合硫酸铁,在反应前预加氯氧化三价砷的方法(即把 As^{3+} 变为 As^{5+}),来降低水体中砷的浓度
汞	石灰软化法、沸石吸附
铬	含六价铬废水的药剂还原法的基本原理,是在酸性条件下,利用化学还原剂将六价铬还原成三价铬,然后用碱使三价铬成为氢氧化铬沉淀而去除;亚硫酸盐还原法和硫酸亚铁还原法亦可用来处理含铬废水
铅、锌、镉、铜等重金属	石灰软化法、沸石吸附
酚	已进入水体中的液体或固体苯酚处理较困难,通常采用适当措施将被污染水体与其他水体隔离的手段,如可在较小的河流上筑坝将其拦住,将被污染的水抽排到其他水体或污水处理厂
多环芳烃	应立即构筑堤坝或使用围栏,切断受污染水体的流动,防止污染扩散,再加入活性炭等材料吸附
苯	应立即构筑堤坝或使用围栏,切断受污染水体的流动,将苯液限制在一定范围内,然后作必要处理。少量泄漏时,投加粉末活性炭;大量泄漏时,用泡沫覆盖以降低蒸气危害或用喷雾状水冷却、稀释,用防爆泵转移至槽车或专用收集器内集中处理。甲苯、乙苯、苯乙烯等苯系物的水污染事件,都可采取上述应急处置措施
DDT、有机氯农药、灭蚊灵、洗涤剂等难分解有毒有机物	首先要控制污染物扩散,收集后微生物技术降解处理
呋喃	少量泄漏时,用砂土或其他不燃材料吸附或吸收。也可以用不燃性分散剂制成的乳液刷洗,洗液稀释后放入废水系统;大量泄漏时构筑围堤或挖坑收容,用泡沫覆盖,降低蒸气灾害,用防爆泵转移至槽车或专用收集器内,回收或运至废物处理场所处置
油类污染物	人工围栏、打捞;投加消油剂,如洁星 CS-Y17 溢油分散剂等;天然有机吸附剂由天然产品,如木纤维、玉米秆、稻草、木屑、树皮、花生皮等纤维素和橡胶组成,可以从水中除去油类与油相似的有机物。天然有机吸附剂具有价廉、无毒、易得等优点,但再生困难
细菌、病毒等病原微生物	控制受污染水体,并用适当的消毒剂处理,对低致病性病原微生物可加大流量稀释
胶体	胶体与溶液的分离采用渗析法
氨水等感官性污染物	加大流量稀释
热污染	加大流量稀释
放射性污染物	含放射性废水的基本处理方法有化学沉淀法、离子交换法、蒸发法,可根据水质条件安排单项处理或组合联用

第二节　典型水污染突发事件案例分析

一、温岭市湖漫水库柴油泄漏突发事件

（一）事件概述

　　湖漫水库位于浙江省温岭市城东街道和石桥头镇之间，距林石公路 5km，是一座以供水为主的中型水库，是温岭市城区生活用水主要供水水源地。水库集水面积为 32.48km²，总库容为 $3503\times10^4 m^3$。目前，供水量为 $8\times10^4 m^3/d$，占该市中心城区日供水总量的 100％。2007 年 9 月 28 日下午 1 时左右，一辆载重约 5t 满载柴油的油罐车坠入下洞桥附近，油罐车破裂造成大量柴油外泄，外泄柴油约 3t。

（二）处置办法与过程

　　（1）分析污染物性质及影响

　　① 柴油的理化特征及在水体中的行为　柴油的密度决定其在水中的漂浮能力；油的黏度决定其在水中的行为，特别是决定油在水面的扩散速度，黏度越大，扩散速度越慢。泄油应急处理时，对于低黏度的柴油，可以选用盘式回收。倾点和凝点是描述柴油的流动性和泵送性的重要指标，倾点指柴油在测定容器中还能流动的最低温度，当环境温度高于这一温度时，液体就可以保持流动；凝点指柴油停止流动时的最高温度，当环境温度低于这一温度时，油就开始固化或冷凝。柴油进入水体后，受风、光照、水温等因素的影响，在数量、化学组成、理化性质等方面都随时间不断发生变化，一般会发生扩散、漂移和风化等。

　　② 产生的危害　溢油污染事件发生后，溢油会对水生生物产生危害。生物会因吸入或接触油品所含的毒性物质而中毒；由于油膜的覆盖作用及油品本身的耗氧，水生生物会出现窒息或缺氧现象。溢油事件对人体健康的危害可分为直接途径和间接途径；间接途径为毒性物质通过食物链影响人类，而直接途径为毒性物质直接进入人体。

　　（2）应急处理方案　水体受泄油事故多数是突发性事件，事故发生后能否迅速做出应急反应并采取应急措施，对控制污染、减少污染损失以及清除污染等都起着关键性的作用。目前，处理泄油污染的主要方法有物理法、化学法和生物法（见图 2-1）。

　　① 物理处理法　利用物理方法和机械装置，消除水面和沿岸带的油污染是

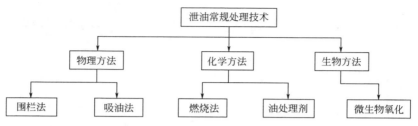

图 2-1　水体中泄油常规处理方法

最有效的方法，但通常不适用于乳化油的清除，大致可分为围栏法和吸油法。围栏法主要是阻止油的扩散，防止污染海域面积扩大，并使水面的油层加厚，以利于油的回收。吸油法可使用亲油性的吸油材料，使泄油被黏在其表面而被吸附回收。国内外较多地使用纤维织物吸油拧干法回收泄油，但是其回收速度太慢，处理成本偏高。

② 化学方法　燃烧法就是采用各种助燃剂，使大量泄油能在短时间内燃烧完，无需复杂装置，处理费用低。考虑到燃烧产物对水生物的生长和繁殖的影响，最好在水生物比较稀疏的区域进行操作。

③ 生物方法　有些天然存在于水体中的微生物有较强的氧化分解石油的能力，可利用这些微生物来清除水上泄油。亚特兰大大学研究发现某些酵母菌株天然存在于被石油污染的水中，其数量随油污染范围的扩大而增加，这表明它们是靠"吃"石油而繁殖的，酵母菌比细菌等微生物对紫外线和海水的渗透压具有更强的抵抗力。

对于处理方案的选择，若采用物理方法消油，使用围栏法可以有效阻止泄油面积的进一步扩散，为下一步控制技术的实施争取时间，因此泄油初期对于油污比较集中的区域可采用油盏进行强化吸附；但是物理方法很难去除水表面油膜和水中的溶解油，采用燃烧法可以在短时间内将泄油完全处理，无需复杂装置，处理费用比较低，但要视周边具体情况，选择性地进行使用。向水体中投加油处理剂，很有可能会造成二次污染，在水源地的泄油突发事件中要慎重使用。针对常规应急处理泄油事故各方法，应扬长避短，进行合理、有效的组合，确定解决水源地泄油事件的优化方案，再分步骤实施。

湖漫水库管理处利用当时天气晴朗、山溪中的水流不大、外泄柴油还没有流入水库的有利情况，在事发地的下游约 400m 处的溪流内及时筑起了土坝，用于拦蓄来水防止泄漏的柴油直接流入水库。同时为防止水满过坝，在土坝下部安放了 PE 管通过下部进行导流。在柴油聚集到一定的数量后引火燃烧，由于发生地点在水库库尾区域，周边为开阔的漫滩，地理条件和时机均适合进行集中燃烧处理。柴油车出事点和燃烧点的溪流内还残留着较多的柴油，故特从石油公司调来了专用的吸油布，在溪流入口处的水库水面 20m 范围内，采用海绵和吸油布包裹毛竹连接绑扎设置围油栏，进一步降低了柴油扩散入库的可能性。

（三）处理效果

温岭湖漫水库突发泄油事件处理后，委托温岭市环境监测站对泄油点及其附近水体进行取样分析，监测结果见表 2-5。根据《地表水环境质量标准》（GB 3838—2002），Ⅲ类水水体中石油类质量浓度应不大于 0.05mg/L。由表 2-5 可知，9 月 28 日库区内水质监测点除湖漫水库入水处下游 30m 这一监测点石油类质量浓度超标外，以下 3 个监测点石油类质量浓度均符合Ⅲ类水标准；9 月 29 日，库区内各监测点石油类质量浓度均符合Ⅲ类水标准；9 月 30日、10 月 3 日和 10 月 10 日，库区内各点石油类质量浓度均符合地表水Ⅲ类标准。

表 2-5　2007 年湖漫水库泄油后水质监测结果

样品编号	采样地点	石油类质量浓度/(mg/L)				
		9 月 28 日	9 月 29 日	9 月 30 日	10 月 3 日	10 月 10 日
07092801-1-1	水库入水处	0.072	1.600	0.415	0.558	
07092801-1-2	水库入水处	0.267	0.678			0.092
07092801-2-1	水库入水处上游 100m	0.372	11.600	2.150	0.715	
07092801-2-2	水库入水处上游 100m	19.600	4.460		0.055	
07092801-3-1	下洞桥下游 100m	1.090	0.045			0.037
07092801-3-2	下洞桥下游 100m	20.400	0.031			
07092801-4-1	下洞桥	3200.000				
07092801-5-1	水库入水处下游 30m	0.143	0.058	0.039		
07092801-6-1	水库入水处下游 100m	0.041	0.038	0.039		
07092801-7-1	水库中心	0.033	0.033	0.036	0.038	0.036
07092801-8-1	自来水厂取水口	0.032	0.031	0.031	0.033	0.035

（四）小结

许多水源地因具有开放性的特点，而对自身的安全构成了潜在的威胁。温岭湖漫水库泄油突发事件就是这一特点的典型案例，该事件的成功解决，为类似事件的应急预案的制定提供了技术支撑。

（1）根据泄油突发事件的过程及范围，以及该事件的特点和水库实际情况，通过方案比选，确定了"阻截→伺机烧毁→后续吸附"的处理方法。

（2）应用提出的技术，通过适当的工程措施成功处理了湖漫水库泄油事件。

（3）针对技术措施的实施效果，进行典型采样点水质分析，事件发生 1～2d 内个别监测点石油类超标，3d 后采样点石油类均符合地表水Ⅲ类标准。

二、松花江水污染事件

（一）事件概况

2005 年 11 月 13 日，中石油吉林石化公司双苯厂发生爆炸，共造成 5 人死亡、1 人下落不明、2 人重伤、21 人轻伤，经调查，事故原因为苯胺装置 T-102 塔发生堵塞，因处理不当发生爆炸。爆炸事故发生后，监测发现苯类污染物（主要是苯和硝基苯）流入第二松花江，造成水质污染。

专家评估有 100t 左右苯类污染物排入水体。污染带长约 80km，流经吉林、黑龙江两省，在我国境内历时 42d，行程 1200km。该事件涉及范围广、影响面大，仅就黑龙江省而言，波及近千公里的松花江流域及沿江 18 个市县、575 万人口，长达 100km 核心污染团带在黑龙江省流经 36d。

（二）应急措施

（1）迅速启动应急监测预案。在主要水源地、省界断面开展加密监测并及时报送监测数据，掌握污染物影响范围和浓度变化特征曲线。

（2）加大水库泄流，使污染物迅速入海。松花江水污染事件发生地点上游有一座大型水库——丰满水库。根据吉林市实测水文资料分析，污染事件发生后，在 11 月 16 日、11 月 24 日至 11 月 30 日丰满水库进行加大泄流调度。

（3）及时关闭沿线受污染取水口，并加大未关闭工业用水的处理。在本次松花江水污染事件中，沿江城市供水企业迅速采取应急措施，初步确定了增加颗粒活性炭过滤吸附的水厂改造应对方案，并紧急组织实施。该方案要求对现有水厂中的砂滤池进行应急改造，挖出部分砂滤料，新增颗粒活性炭滤层。

（三）小结

2005 年松花江水污染事件造成了较大影响，对城市供水、工农业用水及生态环境造成了一定影响。纵观整个应对过程，主要有以下几点结论或体会。

（1）影响范围广，应急响应及时。松花江水污染事件影响了第二松花江与松花江干流 1000 多公里河道，影响了沿岸吉林省与黑龙江省的吉林市、松原市、哈尔滨市、佳木斯市等地区，但是在国家、两省以及流域管理机构的共同努力下，及时启动了应急响应，实时监测、实时处置等措施发挥了重要作用，使得整个过程在可知和可控中，为整个污染事件的解决提供成功经验。

（2）污染事件正处于松花江结冰期，对整个事件的环境监测造成了困难，也对污染事件发生发展态势的模拟与预测造成了困难；由于没有有效的决策支持模型与系统，影响了决策的及时性与准确性。

（3）水利调控方面，由于污染事件发生发展非常快，为了消除或减少影响，水利部门利用上游水库泄流加速了污染物的运移速度并稀释了污染物浓度，为整个事件的处置起到了积极的作用，但是在事件调控和处理方式上还有进一步优化的空间。

第三章

水污染突发事件风险识别与等级划分

第一节　风险源识别

《危险化学品重大危险源辨识》（GB 18218—2018）中将危险化学品定义为：具有毒害、腐蚀、爆炸、燃烧、助燃等性质，对人体、设施、环境具有危害的剧毒化学品和其他化学品。重大危险源是指：长期地或临时地生产、储存、使用和经营危险化学品，且危险化学品的数量等于或超过临界量的单元。

在水污染突发事件的危险辨识中可沿用其危险化学品和重大危险源的定义，把水污染突发事件危险源定义为：可能由于泄漏、爆炸、火灾等原因，导致危险物质破坏水环境质量的生产装置、设施、运输工具或场所。目前绝大部分水污染突发事件发生在河流、湖泊和海洋，因而可以从这些水域被污染的途径外推进行危险源辨识。可能造成水污染突发事件的主要危险源列于表3-1中。

表 3-1　水污染突发事件主要危险源

分　类	危险来源	危害物质
水上运输	船舶、码头	石油类、有毒有害化学物质
陆地运输	汽车	
	火车	
	石油管道	石油

续表

分　类	危险来源	危害物质
固定源	油田、炼油厂	石油
	化学、药品企业	有毒有害化学物质
	燃料、纸浆厂	有机污染物
	金属冶炼厂	酸碱、重金属
	核设施	放射性物质
面源	农田、林地、果园等	农药、有机污染物

注：有毒有害物质是指被列入《危险货物品名表》（GB 12268—2012）、《危险化学品名录（2015版）》、《国家危险废物名录（2016版）》和《剧毒化学品目录（2015版）》中的剧毒、强腐蚀性、强刺激性、放射性、致癌、致畸等物质。

危险源可通过水上运输、陆地运输、固定源和面源对水域造成污染。考虑到水面运输的非固定性及面源污染的非突发性，将流域水污染突发事件的主要风险源分为排污口型（固定源）、陆地运输型两种类型。针对以上两种类型风险源，通过实地调研、资料调研、遥感调查等调查手段，对松花江流域污染源主要排污口、沿河交通桥或公路，以及大型风险源贮存场等其他潜在风险源进行了调查。

一、排污口

排污口是点源污染物进入河流、湖泊等水体的主要通道。如 2005 年松花江水污染事件，大部分污染物就是通过排污口进入第二松花江。在"十一五"国家水体污染控制与治理科技重大专项（《松花江流域水质水量联合调控技术及工程示范》）相关研究成果的基础上，汇总了松花江流域主要排污口共 1175 个。

二、交通桥或沿河路

危险品运输车辆驶入沿河及跨河道路、交通桥发生交通事故时，易造成水污染突发事件。天气状况、路况信息、驾驶员技术及疲劳程度都会影响交通事故的发生风险。松花江流域水系丰富，沿河及跨河道路密集，通过对主要道路交通桥的调查，汇总了松花江流域主要道路交通桥的空间分布情况，筛选出重要交通桥和沿河路风险源共计 330 个。

三、潜在风险源

潜在风险源是指距离主河流垂直距离在 1.5km 以内，对河道构成直接威胁的风险源。通过遥感影像人工识别功能，对松花江流域主要干支流、重点城市沿岸的储料库、大型危废企业进行空间识别，结合水利普查资料及实地调研，确定松花江主要干支流可能存在的潜在污染源，共计 33 个。松花江流域大型风险源贮存场等潜在风险源的分布情况。

第二松花江左岸存在的潜在污染源数量较多，且多以储料罐、污水塘等形式存在。村落沿江而建，堤防工程较弱，一旦发生泄漏对第二松花江水环境质量影响较大。此外，嫩江右岸存在的潜在污染源数量较多，以储料罐风险源居多，还存在疑似采煤企业或煤加工相关企业，且离主河岸距离较近，风险较高。

第二节　风险评价体系与识别方法

一、风险评价方法概述

风险评价是对危险出现可能性的评价。水污染突发事件的风险评价包括危险源风险评价和事故发生后环境因素对其发展影响的风险评价。

（一）污染源风险评价

（1）概率评价法　特定水域的危险源风险评价，包括所有可能造成该水域污染的事故出现的概率，如式（3-1）所示。

$$R = P(\bigcup R_i) = 1 - P(\bigcap \overline{R}_i) = 1 - \prod_{i=1}^{n}(1 - P_i) \tag{3-1}$$

式中　R——发生事故的概率；

　　　P_i——第 i 种危险源发生事故的概率；

　　　R_i——第 i 种危险源引发的污染事故；

　　　n——水域存在的危险源种类。

也可用一年内发生事故的次数来描述，即发生各种事故的期望值，计算公式如式（3-2）所示。

$$E(R) = \sum_{i=1}^{n} G_i P_i \tag{3-2}$$

式中　$E(R)$——一年内可能发生污染事故的次数；

　　　G_i——一年内第 i 种危险源运行次数，如车次、班次；

其余同上。

（2）交通风险度评价法　交通风险评价是对交通事故可能造成污染事故的风险评价，如汽车车祸、轮船相撞等，用风险度来表示。风险度计算公式如式（3-3）所示。

$$R = PC \tag{3-3}$$

式中　R——风险度；

　　　P——事故发生频率；

　　　C——事故造成的环境（或健康）后果。

　　刘国东等提出了桥上翻车污染事故的发生频率和事故后果的计算公式；按其公式，单一类型的事故发生概率 P 可用式（3-4）计算。

$$P_k = \prod_i Q_i \tag{3-4}$$

式中　P_k——评价水域发生第 k 类交通污染事故发生的频率；

　　　i——根据具体情况不同加以区别，如水域沿岸的公路交通可定为 6，其中 Q_1 为年总交通量（车次）；Q_2 为交通事故率（车次/年）；Q_3 为可能造成污染的交通事故占总事故的比例，如翻车、碰撞泄漏等；Q_4 为货车占总交通量比例；Q_5 为运载有毒有害物质、油类等可能造成污染的货车占总货车量比例；Q_6 为可能造成评价水域污染的路段长度占总长度比例。

　　刘国东等提出将危险河段长度作为河流水污染事故造成的环境后果计算，危险河段长度按照瞬时点源一维稳态河流水质模型计算，如式（3-5）所示。按照水功能区水质目标，计算累计超标河段长度为危险河段长度。

$$C(x,t) = \frac{M}{A\sqrt{4\pi E_{\mathrm{L}}t}} \exp\left[-\frac{(x-ut)^2}{4E_{\mathrm{L}}t}\right] \tag{3-5}$$

式中　C——污染物浓度，mg/L；

　　　M——污染物质量，g；

　　　A——断面面积，km^2；

　　　E_{L}——纵向离散系数，m^2/s；

　　　u——平均流速，m/s；

　　　t——计算时间，s；

　　　x——计算长度，m。

　　何进朝、李嘉认为危害后果仅以危险河段长度作为计算指标，是不能真实反映实际危害后果的，故引入加权危险河段长度和河段危害权重两个概念。以河段危害权重表征特定河段危害后果的严重性，两者关系如式（3-6）所示。

$$X = \sum_{i=1}^{n} d_i \omega_i \tag{3-6}$$

式中　X——加权危险河段长度，m；

　　　d_i——第 i 段长度，m；

ω_i——第 i 段危害权重。

河段危害权重有两种确定方法：一种是根据不同河段的功能确定，各种功能划分参考表 3-2；另一种是根据污染物浓度确定，首先将浓度值划分为若干等级，然后给每个浓度等级赋予一个危害权重值，或者以某一类水质标准作为权重1。以超过该类标准的倍数作为危害权重值，如图 3-1 所示。

表 3-2   水域功能划分与危害权重关系表

水域功能分类	计算长度	危害权重
生活用水取水段	上游 1000m，下游 300m	10
农业、工业用水取水段	上游 1000m，下游 300m	3
珍稀鱼类生活段和珍稀动物饮水段	有分布河段长度	8
其他动物生活饮水段	有分布河段长度	2
其余河段	其余河段长度	1

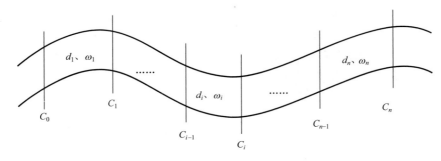

图 3-1   河段危害权重计算示意图

（二）环境因素对污染发展影响的评价

突发性水污染事故的危害范围除了与污染物本身的特性有关以外，与事故发生地点的周边环境也密切相关。何进朝、李嘉从流速、降水、河道地形和河流控制性等方面分析周围环境因素对水污染事故发展的影响。

（1）流速 污染物扩散的速度与流速成正比例关系，这对污染事故的发展有两方面的影响：流速越大，污染物扩散越快，污染物浓度降低速率也越快，但事故影响区域也迅速扩大；流速越小，污染物扩散越慢，污染物浓度降低速率也越慢，但事故影响区域的扩张较慢。

（2）降水 降水对污染事故的发展可能产生有利影响，也可能产生不利影响。

有利影响有：增加污染水域水量，降低污染物浓度；流速、流量加大加速污染物通过敏感保护区域；人们外出减少，降低人员伤害风险。

不利影响有：增加应急处理难度，应急行动不便；增大事故污染的范围；增加污染的预测难度；增加应急物资的投入；把陆域上的污染物冲入水体中或下渗到土壤和地下水中。

（3）河道地形 河流按区域可分为山区河流、平原河流和河口，按地形可分为顺直河段和弯曲河段、收缩河段和扩大河段。突发性水污染事故发生在不同的河流类型有不同发展趋势，详见表3-3。

表 3-3 不同河流类型水污染事故发展趋势比较

类 型	河流特点	事故发展特点	应急措施
山区河流	流速大、紊动剧烈、河道窄、水工建筑物较多、河道控制性较好	各向混合速度快、扩散快,影响河流两岸,污染带与河流形状相似	关闭两岸取水口;清理打捞污染物;阻断河段水流,在下游抛洒(撒)化学物质降低污染浓度
平原河流	流量大、河道宽、水深大、河道控制性差、取水口众多	垂向混合较快,横向混合较慢;中心排放时形成椭圆形污染带,岸边排放形成向外扩展的污染带,但污染带可能不会影响对岸	关闭受影响一侧或两岸的取水口;清理打捞污染物;向污染带抛洒(撒)化学物质降低污染浓度
河口	河面宽广、有浪、受潮汐影响,可控性差	混合较快、扩散快、稀释较快,污染带不规则	关闭受影响区域取水口;清理打捞污染物

河流的弯道可能会在凸岸的下游形成小流速区和回流区，小流速区和回流区的长度大小与弯道的夹角和河宽相关。图3-2～图3-7所示是同等条件（宽度为4m，进口流速为1.2m/s，水力半径为1m）下改变弯道夹角时的流速分区图。从图中可以看出，弯道夹角在0°～15°之间时回流区长度逐渐增加，在15°～90°之间回流区长度逐渐减少。事故发生在弯道凸岸下游区域时要比发生在其他区域风险小。

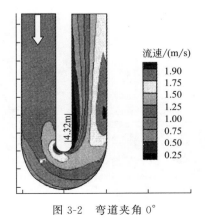

图 3-2 弯道夹角 0°

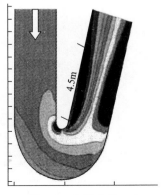

图 3-3 弯道夹角 15°

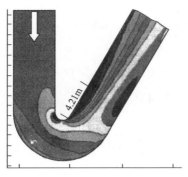

图 3-4 弯道夹角 30°

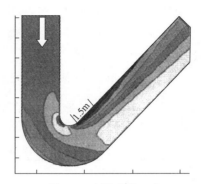

图 3-5 弯道夹角 45°

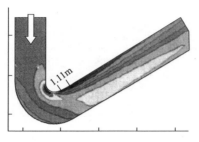

图 3-6 弯道夹角 60°

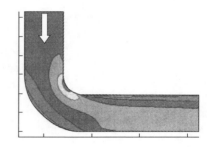

图 3-7 弯道夹角 90°

河道的不均匀同样会引起流场的改变，河段突然扩大或逐渐扩大会造成下游区域的流速迅速减小，逐渐扩大段的流速分区示意图如图 3-8 所示。如果在河道的扩大段加一导流堤，水流将发生极大改变，流速分区示意图如图 3-9 所示（等值线刻度同图 3-8）。由图 3-9 可以看出，事故发生在扩大段下游比发生在上游风险要小，事故发生后，可在扩大段开始处筑一导流堤改变主流方向，同时会明显形成一个回流区和小流速区，方便事故处理。回流区的大小与导流堤的长度和方向有关，长度越长，回流区长度就越长；与顺直段的夹角越大，回流区宽度越大，同时修筑的难度也加大。

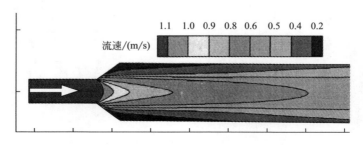

图 3-8 河段逐渐扩大段流速分区示意图（进口流速 1.2m/s）

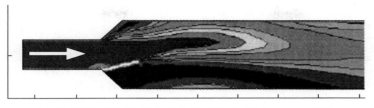

图 3-9 有导流堤的河道扩大段流速分区示意图（进水 1∶3，流速 1.2m/s）

（4）河流控制性 河流控制性是指河流中水工建筑物对河流的控制程度，这对水污染事故的应急救援有相当重要的作用。具有完全年调节能力水库的河道控制性最好，季调节性水库次之，径流式电站对河道几乎无控制作用。表 3-4 对各类水工建筑物在应急救援中的作用进行了比较。

表 3-4　各类水工建筑物在应急救援中的作用

类　型	特　点	作　用	本身损失
中长期调节水库	库容大、库区面积大，流速小，控制性好	污染事故发生在上游，可通过较长时间蓄水稀释污染物；污染事故发生在下游，可快速加大下泄量稀释污染物，或停止下泄以降低下游流速和流量便于下游应急处理	加大放水比蓄水损失大
周、日调节水库	库容和库区面积相对较小，流速较大	通过短期蓄水稀释污染物或切断下游水流，通过加大放水稀释降低下游污染物浓度	加大放水比蓄水损失大
径流式电站	无调节能力，流速大	增加污染物混合程度	无
闸门	控制方便	改变水流主流方向，或切断部分河段水流	无

综上所述，环境因素对污染发展的影响要根据具体情况具体分析，然后采取相应的措施。环境因素作为风险要素是难以消除的，也较难量化，但可以由此判断出风险变化的趋势，然后根据趋势采取一定的措施降低其影响。如2004 年的沱江污染事故需要大量的水流来稀释污染物，四川省政府部门要求沱江上游的 5 个电站放水，并实施了 6 次人工降雨，大大降低了事故危害的程度。

二、风险评价指标体系

在遵循代表性、整体性、可操作性、科学性、定性与定量相结合、动态与静态相结合等指标选取的基本原则的基础上，结合"十一五"国家水体污染控制与治理科技重大专项成果（项目名称《松花江水环境质量管理决策支持技术平台》），构建了包括风险受体识别因子、风险源周围自然环境条件、风险源特性因子等三准则性指标，其中包含五大类别、十三项指标，构成了松花江流域污染突发事件的风险评价的指标体系，具体结果见表 3-5。

表 3-5　松花江流域风险评价指标体系

识别准则层	类别层	指标层
风险受体识别因子	水功能区划 A	保护区 A_1
		保留区 A_2
		缓冲区 A_3
		开发利用区 A_4
	保护目标 B	饮用水源保护区 B_1
		自然保护区（湿地）B_2
		基本农田保护区 B_3
		城镇及居民区 B_4
风险源周围自然环境条件	气象 C	暴雨量 C_1
	水文条件 D	河道径流量/水位 D_1
风险源特征因子	物质识别 E	物质形态 E_1
		物质特性 E_2
		物质数量 E_3

值得说明的是，流域风险激励因子（如点源、面源、社会经济等因素）属于风险的人工驱动力，是流域内社会经济发展常态下的激励因子，不作为评价水污染突发事件风险的因素，因此未纳入风险评价指标体系。

三、风险识别方法

风险等级可以用事故发生概率与事故造成的环境（健康或经济）后果的乘积来表示。本次风险识别等级划分中，事故造成的环境后果统一考虑为水污染突发事件造成的水环境污染，因此风险等级与事故发生概率密切相关。

通过突发污染事件风险源调查统计，确定排污口、道路交通、潜在污染源三类风险源。根据《松花江流域水功能区划》成果，将污染源位置，距离上、下游水功能区位置风险发生概率进行统计，需同时考虑风险源指标体系十三项基本要素，通过专家打分法和层次分析法，最终确定水污染突发事件的风险等级。

（一）水功能区划 A

按照风险源所在位置进行评价。由于水功能区类型识别因子间是相互独立的，因此水功能区识别因子取值唯一。具体结果见表 3-6。

表 3-6　各水功能区识别因子取值

区划类型	保护区 A_1	保留区 A_2	缓冲区 A_3	开发利用区 A_4		
				Ⅲ类	Ⅳ类	Ⅴ类
权重	0.4	0.3	0.2	0.1	0.08	0.05

（二）保护目标 B

　　根据《中华人民共和国环境保护法》《中华人民共和国水土保护法》《中华人民共和国土地管理法》等相关法律规定，敏感保护目标主要包括具有代表性的各种类型的自然生态系统区域，珍稀、濒危的野生动植物自然分布区域，重要的水源涵养区域，具有重大科学文化价值的地质构造、著名溶洞和化石分布区，冰川、火山、温泉等自然遗迹，以及人文遗迹、古树名木。结合松花江流域特点，污染源位置确定敏感保护目标主要为饮用水源保护区 B_1、自然保护区（湿地）B_2、基本农田保护区 B_3、城镇及居民区 B_4。

1. 饮用水源保护区

　　饮用水源地保护区识别因子主要包括饮用水源保护区的相对位置及距离、水源地的保护级别、服务范围等三个因素。饮用水源保护区识别因子取值按式（3-7）计算。

$$B_1 = 0.6B_{11} + 0.4B_{12} \qquad (3-7)$$

式中　B_1——饮用水源保护区识别指标取值；

　　　B_{11}——饮用水源保护区的相对位置及距离因素的取值；

　　　B_{12}——饮用水源保护区服务范围因素取值。

　　（1）饮用水源保护区相对位置及距离 B_{11}　根据以上饮用水源保护区划分规定，以及环境风险源识别指标取值标准，结合水环境风险源特征，饮用水源保护区相对位置及距离因素取值见表 3-7。

表 3-7　饮用水源保护区相对位置及距离因素取值

饮用水源一级保护区内	饮用水源二级保护区之内	饮用水源二级保护区至 5km 之间位于风险源下游	饮用水源 5km 以内位于风险源上游或 5km 以外并位于风险源下游	5km 以外且位于风险源上游
1.0	0.8～1.0	0.4～0.6	0.2～0.4	0～0.2

　　（2）饮用水源保护区服务范围 B_{12}　饮用水源保护区服务范围主要是指水源地服务的人口，可分为大于等于 100 万人、50 万～100 万人、10 万～50 万人、5万～10 万人和 5 万人以下，共五个范围，饮用水源保护区服务范围因素取值参见表 3-8。

表 3-8 饮用水源保护区服务范围因素取值

≥100 万人口	50 万～100 万人口	10 万～50 万人口	5 万～10 万人口	≤5 万人口
0.8～1.0	0.6～0.8	0.4～0.6	0.2～0.4	0～0.2

2. 自然保护区（湿地）

自然保护区主要考虑自然保护区（湿地）的等级、相对位置及距离两个因素。自然保护区（湿地）识别指标取值按式（3-8）计算：

$$B_2 = 0.7B_{21} + 0.3B_{22} \qquad (3-8)$$

式中 B_2——自然保护区（湿地）识别指标取值；

B_{21}——自然保护区（湿地）等级因素的取值；

B_{22}——相对位置及距离因素的取值。

（1）自然保护区（湿地）保护等级 B_{21} 根据《中华人民共和国自然保护区条例》、《自然保护区类型与级别划分原则》等相关法律法规规定，自然保护区（湿地）保护等级分为国家级、省（自治区、直辖市）级、市（自治州）级和县（自治县、旗、县级市）级，以及相对比较敏感但未确定为自然保护区（湿地）的其他等五级；其等级因素取值参见表 3-9。

表 3-9 自然保护区（湿地）保护等级因素取值

国家级	省级	市级	县级	其他
0.8	0.6	0.4	0.2	0.1

（2）自然保护区（湿地）相对位置及距离因素 B_{22} 根据《中华人民共和国自然保护区条例》等相关法律法规规定，自然保护区（湿地）可以分为核心区、缓冲区和实验区，其敏感程度及管理要求均不同。因此，自然保护区（湿地）的相对位置及距离因素取值需分别考虑水环境风险源与核心区、缓冲区和实验区相对位置关系，其取值见表 3-10。

表 3-10 自然保护区的相对位置及距离因素取值

自然保护区（湿地）核心区内	自然保护区（湿地）缓冲区、实验区内	自然保护区（湿地）5km 内且处于风险源下游	5km 内且位于风险源上游或 5km 以外并处于风险源下游	5km 以外且位于风险源上游
1.0	0.6～0.8	0.4～0.6	0.2～0.4	0～0.2

3. 基本农田保护区

根据《基本农田保护条例》等规定，基本农田保护区作为重要的敏感目标加以保护，该指标考虑水环境风险源 5km 以内的基本农田保护区，以基本农田保护区面积作为指标量化依据，该面积为环境风险源影响区域内基本农田的

面积总和，可分为大于 10 万亩、5 万~10 万亩之间、2 万~5 万亩之间、1 万~
2 万亩之间、小于 1 万亩共五个范围。基本农田保护区识别因子取值参见
表 3-11。

表 3-11　基本农田保护区面积识别因子取值

基本农田保护区面积≥10 万亩	基本农田保护区面积5 万~10 万亩	基本农田保护区面积2 万~5 万亩	基本农田保护区面积1 万~2 万亩	5000m 以外或5000m 以内基本农田≤1 万亩
1.0	0.6~0.8	0.4~0.6	0.2~0.4	0~0.2

4. 城镇居民区

城镇及居民区指标仅考虑水环境风险源 5km 区域范围内的城镇及居民区，
以城镇及居民区的人口作为指标量化依据，可划分为 10 万人以上、5 万~10 万
人、2 万~5 万人之间、1 万~2 万人、小于 1 万人共五个范围取值，城镇及居民
区识别因子取值参见表 3-12。

表 3-12　城镇及居民区规模指标识别因子取值

城镇及居民区≥10 万人以上	城镇及居民区5 万~10 万人	城镇及居民区2 万~5 万人	城镇及居民区1 万~2 万人	5km 以外或5km以内人口≤1 万人
0.8~1.0	0.6~0.8	0.4~0.6	0.2~0.4	0~0.2

（三）气象因子 C

气象因子 C 主要是指暴雨量。如果时降雨在 16mm 以上，或 12h 降雨在
30mm 以上，或 24h 降雨在 50mm 以上，都称为暴雨。根据年暴雨日数分为高
易发区、次易发区和不易发区三种，极端降水量危险因素取值参见表 3-13。

表 3-13　极端降水量识别因素取值

高易发区（暴雨日数≥3.6d/a）	次高易发区（2.8~3.6d/a）	不易发区（暴雨日数≤2.8d/a）
0.6~1.0	0.4~0.6	0~0.4

（四）水文条件 D

径流偏差指数识别因子取值详见表 3-14。

表 3-14　径流偏差指数识别因子取值

$\beta \geq 10\%$	$5\% \leq \beta < 10\%$	$\beta < 5\%$
0.5	0.2	0.1

径流偏差指数定义见式(3-9)。

$$\beta = (R - \overline{R})/\overline{R} \qquad\qquad (3-9)$$

式中 β——径流偏差指数识别因子;

R——参照年径流量;

$\overline{R}$——多年平均径流量。

(五) 物质识别 E

物质识别指标主要包括物质形态、物质特性、物质数量三个环境风险因子。

1. 物质形态 E_1

物质形态主要分为气态、液态、固态三种。针对风险源对水环境的影响风险来讲,液态物质相对气态物质和固态物质的风险性要大,即

$$液态>固态>气态$$

物质形态识别因素取值见表 3-15。

表 3-15 物质形态识别因素取值

液　态	固　态	气　态
0.6	0.4	0.2

2. 物质特性 E_2

物质的特性主要包括易燃易爆性、氧化腐蚀性、毒性危害以及蓄积性,物质特性识别因子取值原则为所有物质的各种特性取值的最大值之和的平均值,取值按式(3-10)计算。

$$I_2 = \frac{1}{n}\sum_{i=1}^{n}\max(Bom_i + Cor_i + Tox_i + Acc_i) \qquad (3-10)$$

式中 I_2——物质特性取值;

i——第 i 种物质;

Bom——物质易燃易爆性识别因素取值;

Cor——物质氧化腐蚀识别因素取值;

Tox——物质毒性识别因素取值;

Acc——物质蓄积性识别因素取值。

如果物质没有上述特性而是很稳定的物质时,取 0.1。

(1) 易燃易爆性 易燃易爆可以利用物质系数来表征,物质系数 (MF) 即指重要物质在标准状态下的火灾、爆炸或放出能量的危险性潜能的尺度。将物质系数划分成五个等级,其易燃易爆性识别因子取值见表 3-16。

表 3-16 易燃易爆物质识别因子取值

$MF \leqslant 1$	$MF=1\sim10$	$MF=10\sim20$	$MF=20\sim30$	$MF \geqslant 30$
0~0.2	0.2~0.4	0.4~0.6	0.6~0.8	0.8~1.0

（2）氧化腐蚀性 化学品的氧化腐蚀性物质，指凡是能灼伤人体组织并能对金属等物质造成损坏的物质。物质的氧化腐蚀性识别因子取值见表 3-17。

表 3-17 氧化腐蚀性物质识别因子取值

一级有机和无机酸腐蚀物，具有强腐蚀性和酸性	二级无机酸性腐蚀物	二级有机酸性腐蚀物	无机和有机碱性腐蚀物质；具有强碱性的腐蚀物质	其他
0.8～1.0	0.6～0.8	0.4～0.6	0.2～0.4	0～0.2

（3）物质毒性 毒性物质能够扰乱人们机体的正常反应，其毒性系数是美国消防协会在 NFPA704 中定义的，以 NH 表示。参照道化学火灾、爆炸指数评价法中的相关规定，将物质毒性系数分为五类。物质毒性识别因素分类及其取值见表 3-18。

表 3-18 物质毒性危害指标量化取值

物质系数分类	取 值	备 注
$NH=0$ （短期接触无其他危险）	0	
$NH=1$ （短期接触引起刺激，致人轻微伤害）	0.2	NH 是美国消防协会 NFPA704 中定义的物质毒性系数，其危险系数为 $NH \times 0.2$，对于混合物，取其中最高的 NH 的值；NH 值仅用来表示人体受害的程度，NH 值可通过表查取
$NH=2$ （高浓度或短期接触可致人暂时失去能力或残留伤害）	0.4	
$NH=3$ （短期接触可致人严重的、暂时或残留伤害）	0.6	
$NH=4$ （短暂接触也能致人死亡或严重伤害）	0.8	

（4）物质蓄积性 参照《职业性接触毒物危害程度分级》（GBZ 230—2010）蓄积性可以根据生物半减期来进行划分，分为极度危害、高度危害、中度危害、轻度危害和轻微危害五种，物质蓄积性识别因素取值见表 3-19。

表 3-19 物质蓄积性识别因素取值

分类	极度危害	高度危害	中度危害	轻度危害	轻微危害
蓄积性（或生物半减期）	蓄积系数（动物实验）<1；生物半减期≥4000h	蓄积系数 1～3；生物半减期 400～4000h	蓄积系数 3～5；生物半减期 40～400h	蓄积系数>5；生物半减期 4～40h	生物半减期<4h
取值	0.8～1.0	0.6～0.8	0.4～0.6	0.2～0.4	0～0.2

3. 物质数量 E_3

参考《危险化学品重大危险源辨识》（GB 18218—2009）中的标准，同时考虑到危险物质的贮存量越多，其危险性越大，选用升半梯形分布来量化该指标，按照式(3-11)计算指标取值。

$$I_3(x) = \begin{cases} 0.4 & x \leqslant a \\ \dfrac{3x}{70} + \dfrac{5}{14} & a < x < b \\ 1 & x \geqslant b \end{cases} \tag{3-11}$$

式中 $I_3(x)$——物质数量指标取值；

a——基准临界值；

b——基准临界值15倍。

如果不是危险物质，物质数量识别指标取值为0.2。

第三节 风险源类别与等级

按照风险识别方法中 $A \sim E$ 类指标体系的赋分方法，为风险源进行打分。列举1541个主要风险源评价结果，松花江流域水污染突发事件风险评价结果见表3-20，松花江流域主要行政区风险源评价结果见图3-10。高危风险源主要分布于第二松花江上游吉林市境内及松花江干流佳木斯段以下。

表 3-20　松花江流域水污染突发事件风险评价结果

风险等级	风险源类别			
	排污口	交通桥	潜在源	小计
高危	51	99	2	152
较高危	21	110	5	136
一般	121	121	0	242
低危	985	0	26	1011
合计	1178	330	33	1541

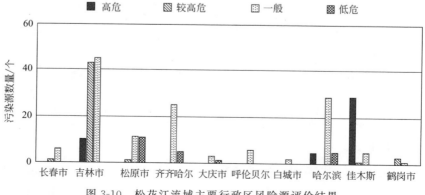

图 3-10　松花江流域主要行政区风险源评价结果

利用专家打分法和层次分析法两种风险分类与识别方法，根据风险源指标体系对风险源进行了分类和分级，将突发污染风险源分为高危风险源、较高风险源、一般风险源和较低风险源共四级。同时，将风险源所在位置嵌套在水功能区图层上，按照水功能区内风险源数量、级别，进行水功能区河段的风险评价。松花江流域水功能区风险评价结果见表3-21。

表 3-21　松花江流域水功能区风险评价结果

类型	水功能区名称	低危	一般	较高危	高危	综合评价结果
保护区	嫩江嫩江县源头水保护区	0	2	0	2	较高危
	嫩江尼尔基水库调水水源保护区	1	0	0	0	一般
	多布库尔河松岭区源头水保护区	3	4	0	3	较高危
	门鲁河嫩江县保护区	20	3	0	2	较高危
	科洛河嫩江县源头水保护区	34	0	0	1	一般
	阿伦河阿荣旗源头水保护区	0	0	6	0	较高危
	雅鲁河扎兰屯市源头水保护区	0	6	0	0	较高危
	绰尔河牙克石市源头水保护区	0	2	0	0	一般
	洮儿河阿尔山市源头水保护区	1	4	0	11	高危
	乌裕尔河北安市源头水保护区	0	2	0	0	一般
	二道松花江安图县、抚松县、敦化市保护区	1	2	1	0	较高危
	第二松花江三湖保护区	1	12	0	8	较高危
	长白山自然保护区	15	2	0	0	一般
	头道松花江三湖保护区	5	0	0	2	较高危
	辉发河三湖保护区	19	5	0	4	较高危
	"引松入长"调水水源保护区	0	0	0	6	较高危
	拉林河五常市源头水保护区	0	2	0	0	一般
	蚂蚁河尚志市源头水保护区	7	0	5	0	较高危
	岔林河通河县源头水保护区	1	0	0	1	一般
	牡丹江镜泊湖自然保护区	0	0	2	0	一般
	海浪河海林市源头水保护区	1	0	0	0	一般
	汤旺河上甘岭区源头水保护区	3	0	0	3	较高危
	松花江干流三江口鱼类保护区	0	0	0	1	一般
	安邦河双鸭山市源头水保护区	7	0	0	16	高危
保留区	多布库尔河松岭区保留区	11	0	0	1	一般
	甘河鄂伦春旗保留区	15	0	1	0	一般
	讷谟尔河五大连池市保留区	0	2	1	0	较高危
	音河甘南县保留区	0	0	0	2	较高危

续表

类型	水功能区名称	低危	一般	较高危	高危	综合评价结果
保留区	雅鲁河齐齐哈尔市保留区	0	0	0	0	一般
	洮儿河科尔沁右翼前旗保留区	13	9	0	8	高危
	头道松花江抚松县保留区	0	10	1	1	较高危
	拉林河五常市保留区	0	2	0	0	一般
	松花江干流哈尔滨市保留区	7	0	0	1	一般
	岔林河通河县保留区	0	2	0	1	一般
	牡丹江牡丹江市保留区	7	5	5	0	较高危
	牡丹江依兰县保留区	3	0	2	2	较高危
	海浪河海林市保留区	1	0	0	0	一般
	松花江干流汤原县保留区	1	2	0	4	高危
	倭肯河依兰县保留区	5	2	2	0	较高危
缓冲区	嫩江黑蒙缓冲区1	0	3	3	0	较高危
	嫩江黑蒙缓冲区2	20	3	0	0	较高危
	阿伦河蒙黑缓冲区	43	0	1	0	一般
	雅鲁河蒙黑缓冲区	0	0	0	0	一般
	嫩江黑吉缓冲区	17	3	0	0	较高危
	霍林河科尔沁右翼中旗缓冲区	5	0	1	0	一般
	蛟河蛟河市缓冲区	0	2	0	0	一般
	松花江干流黑吉缓冲区	30	2	3	0	较高危
	拉林河吉黑缓冲区1	0	0	0	0	一般
	拉林河吉黑缓冲区2	5	3	7	0	高危
	细鳞河(细浪河)吉黑缓冲区	3	0	0	0	一般
	牤牛河黑吉缓冲区	1	2	0	0	一般
	牡丹江吉黑缓冲区	84	0	0	0	一般
开发利用区	嫩江齐齐哈尔市开发利用区	5	9	6	6	高危
	甘河鄂伦春旗开发利用区	101	2	0	1	一般
	甘河加格达奇市开发利用区	0	0	0	0	一般
	讷谟尔河五大连池市开发利用区	0	0	0	1	一般
	讷谟尔河讷河市开发利用区	1	2	1	0	较高危
	诺敏河鄂伦春旗开发利用区	24	2	0	0	一般
	阿伦河阿荣旗开发利用区	36	2	0	0	一般
	音河扎兰屯市开发利用区	1	0	1	0	一般
	音河甘南县开发利用区	1	0	1	0	一般

续表

类型	水功能区名称	低危	一般	较高危	高危	综合评价结果
开发利用区	雅鲁河扎兰屯市开发利用区	0	2	1	1	较高危
	绰尔河扎赉特旗开发利用区1	0	0	1	0	一般
	嫩江泰来县开发利用区	5	6	4	0	较高危
	洮儿河乌兰浩特市开发利用区	7	4	3	3	较高危
	洮儿河白城市开发利用区	1	3	1	1	较高危
	乌裕尔河北安市开发利用区	9	0	0	0	一般
	乌裕尔河富裕县开发利用区	13	0	0	0	一般
	霍林河科尔沁右翼中旗开发利用区1	3	0	1	0	一般
	霍林河科尔沁右翼中旗开发利用区2	0	2	1	0	较高危
	头道松花江靖宇县、抚松县开发利用区	0	2	3	1	较高危
	辉发河通化市、吉林市开发利用区	19	16	14	2	高危
	蛟河蛟河市开发利用区	1	4	0	9	高危
	第二松花江吉林市、长春市、松源市开发利用区	79	25	33	11	高危
	松花江干流哈尔滨市开发利用区	88	18	0	9	高危
	细鳞河舒兰市开发利用区	50	3	0	1	较高危
	牤牛河五常市开发利用区	5	0	0	1	一般
	松花江干流木兰县开发利用区	1	0	0	0	一般
	肇兰新河肇东市开发利用区	1	0	0	0	一般
	蚂蚁河尚志市开发利用区	5	4	0	0	较高危
	蚂蚁河方正县开发利用区	20	0	3	2	较高危
	岔林河通河县开发利用区	19	0	0	1	一般
	牡丹江敦化市开发利用区	1	3	5	0	较高危
	牡丹江牡丹江市开发利用区	7	10	9	3	高危
	海浪河海林市开发利用区	15	0	0	0	一般
	倭肯河七台河市开发利用区	28	2	1	2	较高危
	倭肯河依兰县开发利用区	17	0	3	0	较高危
	汤旺河伊春市开发利用区	3	14	0	10	高危
	伊春河伊春市开发利用区	17	0	0	0	一般
	梧桐河鹤岗市开发利用区	24	3	0	1	较高危
	鹤立河鹤岗市开发利用区	1	4	0	0	较高危
	安邦河双鸭山市开发利用区	13	4	3	6	高危
合计		1011	242	136	152	

第二松花江流域长春市、吉林市，嫩江流域齐齐哈尔市，松花江干流哈尔滨市、佳木斯市风险等级较高；靠近松花江注入黑龙江的下游河段风险等级也较高，应严密防范，防止水污染突发事件对下游国际界河造成影响。

值得说明的是，海拉尔至乌兰浩特线省道（S20215）经过洮儿河阿尔山市源头水保护区和洮儿河科尔沁右翼前旗保留区，道路交通桥与洮儿河交叉点多达13处，是此二者在水污染突发事件风险等级评价时为高危等级的主要原因；依兰至饶河省道（S30723）经过安邦河双鸭山市源头水保护区，道路交通桥与安邦河交叉点多达16处，是此水功能区在水污染突发事件风险等级评价时为高危等级的主要原因。

第四章

水污染突发事件多级防控体系

第一节　水污染突发事件应对措施

水污染突发事件发生和发展过程主要经历发生、入河（湖或水库）、扩散、消退等几个阶段。为此，应对水污染突发事件的措施可以概括为防、控、综合调度。防，即水污染突发事件发生后严防其进入水体；控，即污染物进入水体后，尽量控制其扩散和污染范围；综合调度，即污染物已经在水体中扩散并造成大范围的影响，需采取综合调度措施，使因污染突发事件造成的影响最小。

一、防

防有预防和防止两层含义，预防就是通过识别可能造成水污染突发事件的风险，构建风险防范和预警体系。具体措施包括风险源调查、风险源分类与分级、风险源信息管理（系统）、针对风险源的应急预案或措施、风险预警等。

防止就是一旦污染事件发生，需要阻止污染物进入水体（水上交通运输直接导致污染物进入水体的情况除外）造成更大范围的污染，切断污染源与水体的水力联系通道。具体措施主要是通过关闭排污口或利用沙袋等在岸边构筑堤坝等，防止污染物进入水体。当发生生产事故、交通事故或者突发自然灾害时，污染物大量泄漏，应立即启动相应应急方案，切断其可能进入水体的通道，包括厂区内的排污口、雨水口或者无堤坝的入河坡道等。

二、控

控就是当污染物进入水体后，利用闸坝或人工筑坝等措施，尽可能控制污染物的影响范围，便于对污染物的处理。具体包括拦河坝、橡胶坝和临时构筑的人工堤坝。同时在这些措施的基础上利用物理的、化学的和生物的措施对进入水体的污染物进行削减。

三、综合调度

综合调度就是当污染物进入水体后，利用相关水利工程（水库、引提水工程和蓄滞洪区等）进行蓄泄、引提、冲排等不同调度方式，对污染物进行拦蓄、冲刷和引排、稀释等，该类措施是水利工程调度的核心。

根据不同污染源类型及不同保护目标分布和特点，实施多目标、变时空尺度的多水利工程联合调度是进行水污染应急调度的核心和关键手段之一。通过调整出库流量，改变污染物运移扩散规律，配合其他方法对污染物进行吸附、打捞、化学或物理反应等处理，降低污染物危害。

（一）拦（蓄）

拦蓄水流是水库的最基本功能，对于受到污染的水体同样可以采用拦蓄的办法。这一方法的适用情况包括以下几种。

（1）污染事件发生于水库的上游，并且水库不肩负重要供水任务时。

（2）水库拦蓄后可以短期通过物理或化学方法处理的污染物。

（3）可以通过引水渠道或滞洪区把污水引走的情况。

（4）水库下游河流出国境，但水质严重超标将引起或可能引起国际争端。

代表污染物为有毒有机物（酚、苯、醇、醛、多环芳烃、芳香烃或有机农药等）、有毒无机物（氰化物、氟化物、硫化物或重金属等）及放射性物质。

（二）冲（泄）

当污染水体对水库相联系的供水、生态环境或社会经济造成重大影响或威胁，并且采取冲或排的策略不至于引起下游更大损失的，可以采取该方法。该方法的适用情况包括以下几种。

（1）水库肩负着重要城市的主要供水任务，并且下泄污染水体不至于对水库下游造成更大危害的。

（2）污染物对水库本身可能造成重大破坏而影响水库安全时。

（3）在洪水期水库蓄水超过最高洪水位时。

代表物质为无毒无机物（酸碱盐类）、无毒有机物（碳水化合物、蛋白质、油脂、氨基酸、木质素）等。

（三）引（排）

当水库的上下游都不能接纳污染物，即通过水库的拦或冲都不能起到明显的效果，并且在污染团运移的过程中有大的蓄滞洪区或引排水工程等条件下，可以通过引出或排出的方式将污染物收集到蓄滞洪区等区域，便于集中处理污染物，避免造成更大损失。该方法的适用情况如下。

（1）对下游可能造成重大损失，其他调控措施都达不到很好效果，同时有通过引或排措施而接纳污染物的水体或区域。

（2）污染团中存在放射性、重金属或有机农药，可能对下游生活、灌溉及养殖等造成持续性的（在动植物体内残留有害物质和"三致物质"）危害时。

代表物质为有机农药、放射性物质及可能对下游造成重大的、持续性危害的高浓度污染物等。

第二节　防控措施分类与分级

按照"小事故不入河、中事故不入干、大事故不出境"的总体防控目标，从水污染突发事件的发生和发展过程入手，分析并建立了四级防控体系，见下图。

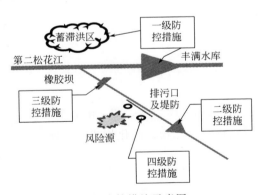

四级防控措施示意图

（1）四级防控措施　入河前，以"围堵"为主要方式切断污染源与水体的联系，主要通过对排污口、排涝工程以及堤岸的控制，严防污染物进入水体。为此本书根据风险源的位置和主要受纳的污废水来源，构建了突发事件预警和应急机制，即根据沿河相关地点发生突发事件后，迅速给出应关闭或隔离的排水口及设防堤坝，同时加强观测和监督。

　　（2）三级防控措施　污染物进入水体后，采用筑坝或关闸等方式控制污染物扩散。根据所构建的松花江流域水利工程分布图和数据库，一旦中小河流或小型湖库发生水污染，则会根据发生的位置进行分析，给出可能切断水力联系的闸坝或方便筑坝的位置。本书主要通过公路、铁路等交通桥以及河流上的小型堤坝和橡胶坝等建立三级防控体系。

　　（3）二级防控措施　污染支流或小型湖泊水库后，通过调度支流上的中小型水库，并配合其他措施进行调度。

　　（4）一级防控措施　污染物进入大江大河的干流和重要支流后，采用蓄、冲、引等综合调控措施，尽最大可能降低污染事件的影响。

　　根据松花江流域特点和污染源及保护目标分布情况，构建了包含1100多个四级防控措施（排污口及堤防段）、330多个三级防控措施（桥梁或堤坝）、350多个二级防控措施（重点大中型水库）以及17个一级防控措施（大型水库和蓄滞洪区）等的四级防控体系。其中一级防控措施见下表。

一级防控体系表

序号	名称	防控级别	类型	所在河流	所属行政区
1	白山水库	一级	大型水库	第二松花江	吉林省白山市
2	丰满水库	一级	大型水库	第二松花江	吉林省吉林市
3	哈达山水库	一级	大型水库	第二松花江	吉林省松原市
4	石头口门水库	一级	大型水库	饮马河	吉林省长春市
5	新立城水库	一级	大型水库	伊通河	吉林省长春市
6	星星哨水库	一级	大型水库	岔路河	吉林省吉林市
7	太平池水库	一级	大型水库	伊通河	吉林省长春市
8	尼尔基水库	一级	大型水库	嫩江	黑龙江齐齐哈尔
9	月亮泡水库	一级	大型水库	洮儿河	吉林省白城市
10	胖头泡/南引水库	一级	蓄滞洪区/大型水库	嫩江	黑龙江省大庆市
11	大顶子山水库	一级	大型水库/航电	松干	黑龙江省哈尔滨
12	北引	一级	引调水工程	嫩江	黑龙江齐齐哈尔
13	中引	一级	引调水工程	嫩江	黑龙江齐齐哈尔
14	南引	一级	引调水工程	嫩江	黑龙江大庆
15	引嫩入白	一级	引调水工程	嫩江	吉林省白城市
16	引松入长	一级	引调水工程	第二松花江	吉林省吉林市
17	哈达山引水	一级	引调水工程	第二松花江	吉林省松原市

第五章

应急调度模型与技术

第一节　松花江应急调度系统网络图

　　根据对松花江流域具体特点及主要水利工程、河网取水口等概化情况，完成松花江流域主要干支流应急调度系统网络概化图绘制。该网络概化图包括 32 段

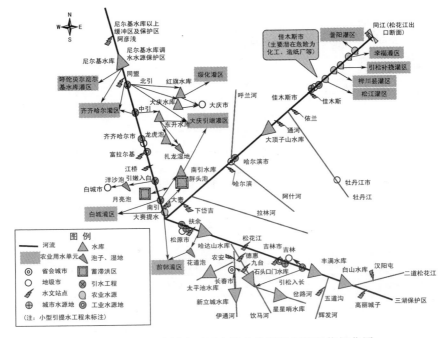

图 5-1　松花江流域主要干支流应急调度系统网络概化图

河道、9 座控制性水库、5 座城市、2 个蓄滞洪区、6 个主要引水工程以及若干城市取水口和排水口，具体分布情况见图 5-1。

一、主要河段

松花江流域主要干支流河段共 32 个，具体信息见表 5-1。

表 5-1　松花江流域主要干支流河段基本信息表

序号	河段名称	所属河流	起点	终点	河长/km	汇入支流	水文站点	备注
1	白山以上二道松花江	二道松花江	汉阳屯	白山水库			汉阳屯	白山水库入流
2	白山以上松花江	第二松花江	高丽城子	白山水库			高丽城子	白山水库入流
3	白山丰满段	第二松花江	白山水库	丰满水库	182			
4	辉发河入第二松花江	辉发河	五道沟	第二松花江干流	52 (172)		五道沟	括号内为到丰满坝址
5	丰满吉林段	第二松花江	丰满水库	吉林水文站	30		吉林	
6	吉林松花江段	第二松花江	吉林水文站	松花江水文站	149		松花江	
7	松花江哈达山段	第二松花江	松花江水文站	哈达山水库	101	饮马河		
8	岔路河星星哨水库以上	岔路河		星星哨水库				水库入流
9	星星哨石头口门段	岔路河	星星哨水库	石头口门水库	54			
10	饮马河石头口门以上	饮马河		石头口门水库				石头口门入流
11	石头口门德惠段	饮马河	石头口门水库	德惠水文站	67		德惠	
12	德惠至哈达山水库	饮马、第二松花江			125			
13	新立城水库以上	伊通河		新立城水库			伊通	新立城水库入流
14	新立城农安段	伊通河	新立城水库	农安水文站	84		农安	
15	太平池水库以上	新凯河		太平池水库				太平池入流
16	太平池农安段	新凯河	太平池水库	农安水文站	51		农安	

续表

序号	河段名称	所属河流	起点	终点	河长/km	汇入支流	水文站点	备注
17	农安哈达山水库	伊通、饮马、第二松花江	农安水文站	哈达山水库	158			
18	哈达山扶余段	第二松花江	哈达山水库	扶余水文站	20		扶余	
19	尼尔基水库以上	嫩江	阿彦浅	尼尔基水库			阿彦浅	尼尔基入流
20	尼尔基同盟段	嫩江	尼尔基水库	同盟水文站	54	诺敏河、纳谟尔河	同盟	
21	同盟江桥段	嫩江	同盟水文站	江桥水文站	217	阿伦河、音河、雅鲁河、绰尔河	江桥	
22	江桥大赉段	嫩江	江桥水文站	大赉水文站	195	洮儿河	大赉	月亮泡、胖头泡
23	扶余下岱吉段		扶余水文站	下岱吉水文站	126		下岱吉	
24	大赉下岱吉段		大赉水文站	下岱吉水文站	137		下岱吉	
25	下岱吉哈尔滨段	松干	下岱吉水文站	哈尔滨水文站	124	拉林河	哈尔滨	
26	哈尔滨大顶子山段	松干	哈尔滨水文站	大顶子山水库	64	阿什河、呼兰河		
27	大顶子山通河段	松干	大顶子山水库	通河水文站	149	蚂蚁河	通河	
28	通河依兰段	松干	通河水文站	依兰水文站	96	牡丹江	依兰	
29	牡丹江长江屯段	牡丹江	牡丹江水文站	长江屯水文站	197		牡丹江、长江屯	
30	长江屯依兰段	牡丹江	长江屯水文站	依兰水文站	49		依兰	
31	依兰佳木斯段	松干	依兰水文站	佳木斯水文站	103	倭肯河、汤旺河	佳木斯	
32	佳木斯同江段	松干	佳木斯水文站	同江断面	221		同江	

二、主要水库

松花江流域已建成大、中、小型水库6551座，总库容$257.28×10^8 m^3$。其中大型水库22座，总库容$240.47×10^8 m^3$；防洪库容$64.16×10^8 m^3$，包括主要干支流上控制性水库，有白山水库、丰满水库、哈达山水库、尼尔基水库、大顶子山水库、新立城水库、太平池水库、石头口门水库和星星哨水库等。

（一）白山水库

白山水库是以发电为主，兼有防洪、航运、养鱼等综合效益的大型水利枢纽工程，为第二松花江干流已开发梯级水电站群的首座枢纽，下距红石水库、丰满水库坝址分别为39km和250km。水库地处吉林省东部山区桦甸与靖宇两县交界处，集水面积$1.9×10^4km^2$，占第二松花江流域面积的25.9%。白山水电站是东北地区最大的水电站，是东北电力系统主要调峰、调频和事故备用电源，电站装机容量$150×10^4kW$。白山水库特性见表5-2。

表5-2　白山水库特性表

控制面积/km²	防洪限制水位6~8月份/m	最大库容/×10⁸m³	正常蓄水位/m	正常蓄水位相应库容/×10⁸m³	死水位/m	死库容/×10⁸m³	兴利库容/×10⁸m³	保证出力/×10⁴kW	装机容量/×10⁴kW	水库功能
19000	413	59.1	413	49.67	380	20.24	29.43	16.7	150	防洪、发电

（二）丰满水库

丰满水库位于吉林市丰满区的第二松花江上，控制流域面积$4.25×10^4km^2$，总库容$109.88×10^8m^3$，兴利库容$64.75×10^8m^3$。丰满水库特性见表5-3。

表5-3　丰满水库特性表

控制面积/km²	防洪限制水位6~8月份/m	最大库容/×10⁸m³	正常蓄水位/m	正常蓄水位相应库容/×10⁸m³	死水位/m	死库容/×10⁸m³	兴利库容/×10⁸m³	保证出力/×10⁴kW	装机容量/×10⁴kW	水库功能
42500	260.5	109.88	263.5	92.33	242	27.58	64.75	50.2	100.4	防洪、发电

（三）哈达山水库

哈达山水库坝址距下游扶余水文站23.4km，距嫩江与二松汇合处约60km。哈达山水库正常蓄水位140.5m，死水位140.0m，最低水位139.5m，汛限水位140.3m。由于哈达山水库一期库容非常有限，因此不承担下游防洪任务，按照泄流能力进行泄流。溢流坝堰顶高程135m，20孔、闸孔净宽280m，单孔净宽14m。设计洪水位为142.21m，相应泄量$10385m^3/s$；校核洪水位143.98m，相应泄量$14762m^3/s$。装机容量$2.76×10^4kW$，保证出力5.1MW，多年平均发电量$1046×10^4kW·h$，装机利用时间3793h。

泡子的正常蓄水位：花道泡正常蓄水位为134.5m，相应库容$8.98×10^8m^3$。死水位125.2m，相应库容$5977×10^4m^3$。

有字泡、红字泡蓄水位分别为155.85m和133m，死水位分别为131.5m和127.5m，相应库容分别为$158×10^4m^3$和$250×10^4m^3$。

输水干渠规模：输水干渠总长97.54km，通过流量100m³/s。

哈达山水库校核水位143.98m，总库容6.804×10⁸m³，设计水位142.21m，设计库容3.526×10⁸m³，正常蓄水位140.5m，相应库容1.961×10⁸m³，死水位140.00m，相应库容1.586×10⁸m³，土石坝部分坝顶高程145.05m，防狼墙顶高程146.25m，挡水部分最大坝高13.55m，重力坝部分坝顶高程145.05m，防狼墙顶高程146.25m，最大挡水坝高23.5m，灌溉面积301万亩，电站装机27.6MW。

工程由坝区枢纽工程、防护区工程和输水工程组成。坝区枢纽工程由挡水土坝、溢流坝、河床式电站、重力坝组成；防护区防护工程由防护堤、强排式电站和排水沟等组成；输水工程由渠首闸、输水干渠及其交叉建筑物等组成。哈达山水库特性值见表5-4。

表 5-4 哈达山水库特性表

项 目	单位	指标	项 目	单位	指标
1. 水位			(5)湿地补水		
校核洪水位	m	143.98	4. 供水保证率		
设计洪水位	m	142.21	(1)城镇供水	%	95
正常蓄水位	m	140.5	(2)油田供水	%	
汛限水位	m	140.3	(3)防备病改水	%	
死水位	m	140.0	(4)水田	%	75
泡子水位	m	134.5	(5)旱田水浇	%	75
泡子死水位	m	126	(6)草原	%	75
2. 库容			5. 电站		
校核洪水位库容	10⁴m³	60843	装机容量	×10⁴kW	2.76
设计洪水位库容	10⁴m³	35261	年发电量	×10⁴kW·h	10693
正常蓄水位库容	10⁴m³	19609	保证出力	×10⁴kW	0.51
死库容	10⁴m³	15862	装机利用小时	h	3994
泡子水位库容	10⁴m³	89800	装机台数	台	4
泡子死水位库容	10⁴m³	11820	6. 溢洪道		
3. 总供水量			溢洪道顶高程	m	135
(1)年城市供水量			溢洪道宽	m	280
(2)年灌溉供水量			校核洪水位泄量	m³/s	14762
(3)油田供水			设计洪水位泄量	m³/s	10385
(4)防病改水					

（四）尼尔基水库

尼尔基水库位于黑龙江省与内蒙古自治区交界的嫩江干流上，坝址右岸为内蒙古自治区莫力达瓦达斡尔族自治旗尼尔基镇，左岸为黑龙江省讷河市二克浅乡，下距黑龙江省第二大城市齐齐哈尔市公路里程约189km。主要由主坝、副坝、溢洪道、水电站厂房及灌溉输水洞（管）等建筑物组成。尼尔基水库的基本特性值见表5-5。

表5-5　尼尔基水库特性表

死水位/m	死库容/×10⁸m³	汛限水位6~8月/m	相应库容/×10⁸m³	正常蓄水位/m	相应库容/×10⁸m³	兴利库容/×10⁸m³	保证出力/MW
195	4.88	213.37	52.2	216	64.56	59.68	35

（五）大顶子山水库

大顶子山水库位于松花江干流哈尔滨下游46km处，北（左）岸属于呼兰县，南（右）岸属于宾县，地理位置为东经127°06′~127°15′；北纬45°58′~46°03′。枢纽坝址以上集水面积43.21×10⁴平方千米。

工程属大（Ⅰ）型工程，工程等别为Ⅰ等，主要建筑物级别为2级。设计洪水标准为100年一遇，校核洪水标准为300年一遇。工程所在河段为Ⅲ级航道，航道尺度为1.7m×70m×500m，船闸级别为Ⅲ级。

枢纽选定正常蓄水位为116.00m，死水位115.00m，总库容16.98×10⁸m³，兴利库容3.00×10⁸m³，死库容6.00×10⁸m³。设计洪水位117.30m，校核洪水位117.90m。水电站装机容量66MW，多年平均发电量3.5×10⁸kW·h。船闸按Ⅲ级航道标准设计，上游设计最高通航水位为116.05m，最低通航水位为115.00m；下游设计最高通航水位为115.90m，最低通航水位为108.50m。

由于116m正常蓄水位方案库区浸没较大，为了留有时间逐步解决浸没问题，枢纽工程分近、远两期运行。近期按正常蓄水位116.00m规模建设，远期按正常蓄水位115.00m、死水位114.00m运行，待条件成熟后再蓄至116.00m。

（六）星星哨水库

星星哨水库是饮马河支流岔路河上的大型水库，坝址在吉林省永吉县岔路河镇境内，中心点地理坐标为东经126°04′、北纬43°40′。水库集水面积845平方千米，水库为多年调节，总库容2.65×10⁸m³，是一座以灌溉为主，兼顾防洪、发电、养鱼、旅游等综合利用的大型水利工程，正常蓄水位245.50m，汛限水位241.00m，死水位236.00m；防洪库容2.03×10⁸m³，兴利库容0.945×10⁸m³，死库容0.21×10⁸m³。坝址处多年平均流量6.79m³/s，多年平均年径

流量 $2.14\times10^8\,\mathrm{m}^3$；多年平均年蒸发量 744mm。每年 11 月下旬至次年 4 月中旬为结冰期，最大冰厚 0.86m。水库水质较好，为Ⅲ类。

水库枢纽由大坝、泄洪洞、输水洞、电站组成。大坝为黏土心墙多种土质坝，坝顶长 510m、高 33.2m、宽 5m；泄洪洞位于左岸，设计最大泄流量 $526\,\mathrm{m}^3/\mathrm{s}$；输水隧洞位于右岸，设计最大过水流量 $53\,\mathrm{m}^3/\mathrm{s}$；水电站在坝后，总装机容量 2.5MW。水库按 200 年一遇洪水设计，可能最大洪水保坝；防洪库容 $2.03\times10^8\,\mathrm{m}^3$，兴利库容 $0.94\times10^8\,\mathrm{m}^3$；设计灌溉面积 $1.10\times10^8\,\mathrm{m}^2$，防洪与除涝保护耕地面积 $2.5\times10^7\,\mathrm{m}^2$；多年平均年发电量 $531.1\times10^4\,\mathrm{kW\cdot h}$；水库形成养鱼水面面积 $1\times10^7\,\mathrm{m}^2$，平均年产鲜鱼 $16\times10^4\,\mathrm{kg}$。运行以来，水库最大年来水量 $4.72\times10^8\,\mathrm{m}^3$，最小年来水量 $0.49\times10^8\,\mathrm{m}^3$；出现的最高水位 246.70m（1994 年 8 月 17 日），最低水位 233.32m（2001 年 5 月 27 日），最大入库流量 $1340\,\mathrm{m}^3/\mathrm{s}$（1973 年 8 月 2 日）。

（七）石头口门水库

石头口门水库位于吉林省饮马河中游，水库坝址在长春市九台区西营城子乡石头口门村西南 500m 处。地理坐标为东经125°45′、北纬43°58′，是一座以防洪除涝、供水、发电、旅游、养鱼为一体的综合利用的大型水库。石头口门水库以上流域面积为 $4944\times10^6\,\mathrm{m}^2$，占饮马河流域面积的 60%，总库容 $12.77\times10^8\,\mathrm{m}^3$，水库校核洪水位为 194.04m，相应库容 $12.77\times10^8\,\mathrm{m}^3$，设计洪水位为 192.39m，正常蓄水位 188.00m，相应库容为 $32891\times10^4\,\mathrm{m}^3$，死水位 182.50m，相应库容 $4434\times10^4\,\mathrm{m}^3$。设计年供水量 $1.83\times10^8\,\mathrm{m}^3$，是长春市重要水源地之一。

（八）新立城水库

新立城水库位于伊通河干流上，吉林省长春市南郊，距市中心 20km，是以供水为主，兼有防洪、灌溉、养殖、发电等功能的大型水库。控制流域面积 $1970\times10^6\,\mathrm{m}^2$，总库容 $5.92\times10^8\,\mathrm{m}^3$，设计供水量 $8880\times10^4\,\mathrm{m}^3$，该水库是以供长春市工业和生活用水为主，结合下游防洪、防涝等综合利用的水库。新立城水库死水位 210.8m，正常蓄水位 218.83m，设计洪水位 220.48m，校核洪水位 221.07m，死库容为 $0.15\times10^8\,\mathrm{m}^3$，兴利库容为 $2.75\times10^8\,\mathrm{m}^3$，溢洪道最大泄量为 $1940\,\mathrm{m}^3/\mathrm{s}$。

（九）太平池水库

太平池水库是新凯河支流翁克河中下游的一座大型平原水库，坝址位于吉林省农安县龙王乡太平池村附近，北距农安县城 50km，西距长春市区 37km，是一座以防洪为主，兼顾灌溉、养鱼等综合利用的大型水利枢纽工程。水库设计洪水位为 185.50m，校核洪水位 186.50m，兴利水位 183.73m，死水位为

181m，总库容为 $2.01 \times 10^8 \, m^3$，其中调洪库容为 $1.47 \times 10^8 \, m^3$，兴利库容为 $0.53 \times 10^8 \, m^3$，死库容为 $0.06 \times 10^8 \, m^3$。

三、引提水工程

松花江干支流肩负着吉林和黑龙江两省主要的城市供水和农业灌溉等功能，大型引提水工程较多，具体包括引松入长、中部引水、哈达山水库引水、前郭灌区提水、北引、中引、富拉尔基引水、白沙滩灌区提水、泰来县灌区引水、南引以及佳木斯、桦川、鹤岗、肇源等农业引提水工程等。松花江流域主要引提水工程见表5-6。

表5-6　松花江流域主要引提水工程表

引提水工程名称	取水口位置	所属河段	水源地类型	供水对象	工程级别	供水规模 /($\times 10^8 m^3$/a)	设计流量 /(m^3/s)	用水人口 /万人	灌溉面积 /万亩
尼尔基水库引水	内蒙古莫力达瓦达斡尔族自治旗	嫩江	综合	齐齐哈尔、呼伦贝尔	县级				
北引	黑龙江讷河市拉哈镇	嫩江	综合	大庆		4.66			
中引	齐齐哈尔市富裕县友谊乡登科村	嫩江	综合	大庆		7.5			
江西灌区引水		嫩江	灌溉	江西灌区					32.95
齐齐哈尔水源地	齐齐哈尔市浏园	嫩江	工业	齐齐哈尔	地级	1.11			
富拉尔基引水	富拉尔基	嫩江	工业	齐齐哈尔		6.58			
泰来县灌溉引水工程	江桥以上 6km	嫩江	灌溉	泰来县			20		57
白沙滩灌区提水	镇赉县	嫩江	灌溉	白沙滩灌区		1.8			26.3
四方坨子灌区提水	镇赉县	嫩江	灌溉	四方坨子灌区		1.46			24.3
南引	杜蒙红土山下	嫩江	灌溉	南引灌区		4.5			
大安灌区提水	嫩江干流右侧大赉水文站以上 18km	嫩江	灌溉	大安灌区					
大唐长山电厂	嫩江七十二道弯处	嫩江	工业	大唐长山电厂					
塔虎城灌区提水	嫩江大堤零公里处	嫩江	灌溉	塔虎城灌区					
引松入长	丰满水库	第二松花江	城市	长春市	省级	3.11			

续表

引提水工程名称	取水口位置	所属河段	水源地类型	供水对象	工程级别	供水规模/(×10⁸m³/a)	设计流量/(m³/s)	用水人口/万人	灌溉面积/万亩
中部引水	丰满水库	第二松花江	城市	长春市、四平等	省级				
吉林市一水厂	吉林市	第二松花江	城市	吉林市	省级				
引松济卡	伊通河入口处上游	第二松花江	综合	拉林和流域					
哈达山水库	哈达山水库	第二松花江	综合	松原市					
松原市二松水源地	松原市	第二松花江	城市	松原市	地级				
前郭灌区提水	前郭县	第二松花江	灌溉	前郭县			51.8		45
松城灌区提水	农安县	第二松花江	灌溉	农安县			7.93		14.2
松沐灌区提水	德惠市	第二松花江	灌溉	德惠市			15.0		13.1
永舒灌区引水	吉林市	第二松花江	灌溉	吉林市			25.3		22
四方台水源地	哈尔滨市	松干	城市	哈尔滨市	省级	10			
朱顺屯水源地	哈尔滨市	松干	城市	哈尔滨市	省级	66			
松江灌区提水		松干	灌溉	佳木斯市					18
幸福灌区提水		松干	灌溉	富锦市					9.54
悦来灌区提水		松干	灌溉	桦川县			27.4		30.9
江川灌区提水		松干	灌溉	桦川县			20.5		30
新河宫灌区引水		松干	灌溉	桦川县			15.9		7.2
引松补挠灌区		松干	灌溉	引松补挠灌区			90.8		101.8
普阳灌区提水		松干	灌溉	鹤岗			29.38		11
中心灌区提水		松干	灌溉	肇源县			30		20
涝洲灌区提水		松干	灌溉	肇东县			30		23.6

四、保护目标

（一）保护目标调查

根据保护目标的类型，分为水源地（取水口）、水功能区和重要断面等。

（1）水源地　通过对松花江干支流主要水源地的调查，掌握了各个水源地的规模、供水对象、供水类型等，主要包括尼尔基水库等 5 个综合水源地、白沙滩灌区等 20 个灌溉用引提水工程、引松入长等 5 个城市水源地、富拉尔基等 3 个工业水源地以及生态水源地 1 个。

（2）水功能区　松花江干流（包括丰满水库以下的第二松花江、尼尔基水库以下嫩江以及松花江干流）共有一级水功能区 20 个，二级水功能区 32 个。

（3）重要断面　重要断面主要包括省界、国界等断面，松花江干流重要断面具体如下。

① 省界断面　石桥，出吉林省断面，东经 124.723805°，北纬 45.344232°；下岱吉，入黑龙江断面，东经 125.390038°，北纬 45.412149°。

② 国界断面　同江，松花江汇入黑龙江断面，东经 132°28′11″，北纬 47°38′47″。

③ 其他重要断面　吉林（吉林水文站，水文站控制断面）；松原下（重要城市）；哈尔滨水泥厂（重要城市）；佳木斯（重要城市）；齐齐哈尔（重要城市）；江桥（水文站控制断面）；扶余（水文站控制断面）；大赉（水文站控制断面）。

（二）保护目标分类与分级

当水污染突发事件发生时，不同类型的保护目标的级别是不一样的，根据保护目标的重要程度可以进行如下分类：

（1）根据水的功能和用途分为城镇用水水源地（自来水厂水源地）、工业用水水源、农业用水、生态环境用水以及航运等用水；

（2）根据供水规模、用水人口、灌溉面积等又可将保护目标分成若干级别。

第二节　应急调度模型

基于松花江流域应急调度系统网络图，根据突发水污染事件应急决策的实际需求，构建了集水量模拟模型、水质模拟模型、应急调度模型等成套模型技术，同时构建了面向水污染突发事件的基于水质水量模拟模型的多水利工程（水库、蓄滞洪区、引提水工程等）应急调度模型。

一、建模思路和流程

通过对水污染突发事件前期信息（发生时间、地点、污染物类型与规模等）的识别与诊断，通过与风险源数据库、防控措施数据库以及调度预案数据库的信息比对与匹配，快速给出初步的调度方案，包括污染物的特性、可能的影响范围、保护目标和防控措施等；然后根据实时雨水情况信息和预报信息，调用水质水量模拟模型与水库调度模型，对初步方案进行模拟调算，并给出计算结果；通过不断调整防控措施和调度规则修改方案，直到满意为止。具体调度流程见图5-2。

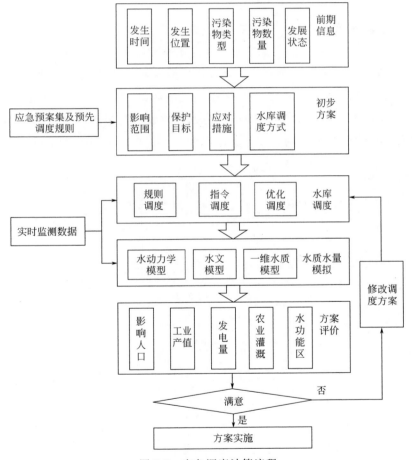

图 5-2　应急调度计算流程

二、水库调度模型

面向水污染突发事件的水库调度不仅要考虑水质安全，还要受到防洪、供水、发电、航运等目标的约束，因此水库调度要充分考虑现有的调度规则、调度决策者的指令以及各种目标的优化等问题。本次水库调度分为三种方式，即规则调度、指令或模拟调度、目标或优化调度。

（一）规则调度

水库的规则调度，就是按照水库现有的调度规则，根据水库来水、蓄水等水情条件进行调度；可以通过修改调度规则来修改水库的调度方式。通过对松花江流域主要控制性水库的资料收集和实地踏勘，对白山、丰满、哈达山、尼尔基、大顶子山、新立城、太平池、石头口门和星星哨水库等九座水库进行了调度规则的数字化和入库工作。

1. 尼尔基水库

尼尔基水利枢纽是以防洪、供水为主，结合发电的水库，在汛期控制水库水位不超过汛限水位运行。水库在满足防洪任务前提下，兴利按如下原则调度运行。

（1）2010 年调度线　尼尔基水利枢纽是以防洪、供水为主，结合发电的水库，在汛期 6 月 21 日至 8 月 25 日，控制水库水位不超过汛限水位运行。水库在满足防洪任务的前提下，兴利按如下原则调度运行，调度线见表 5-7。

表 5-7　尼尔基水库 2010 年水平年调度线　　　　　单位：m

月	旬	0.5 倍保证出力线	0.7 倍保证出力线	加大出力线	月	旬	0.5 倍保证出力线	0.7 倍保证出力线	加大出力线
1	1	203.26	207.08	212.85	7	1	202.04	206.83	211.20
1	2	202.76	206.71	212.50	7	2	203.02	206.63	211.87
1	3	202.24	206.32	212.23	7	3	204.50	206.80	211.87
2	1	201.66	206.25	211.95	8	1	204.97	208.16	212.37
2	2	201.04	206.12	211.67	8	2	205.55	208.46	212.37
2	3	200.36	206.02	211.38	8	3	205.64	208.36	213.88
3	1	199.60	205.56	211.08	9	1	205.72	208.28	214.25
3	2	198.74	205.06	210.77	9	2	205.73	208.22	214.55
3	3	197.74	204.54	210.35	9	3	205.67	208.51	214.75
4	1	196.85	204.75	209.85	10	1	204.85	208.53	214.50
4	2	197.65	205.18	209.31	10	2	205.01	208.70	214.08
4	3	198.29	205.18	209.28	10	3	205.05	208.75	213.41
5	1	199.27	205.50	208.97	11	1	204.99	208.73	213.22
5	2	200.05	205.71	209.73	11	2	204.79	208.61	213.11
5	3	200.02	205.55	209.67	11	3	204.57	208.47	212.84
6	1	200.39	205.64	208.64	12	1	204.27	208.11	212.63
6	2	200.72	206.44	209.02	12	2	203.96	207.75	212.41
6	3	201.48	206.81	209.59	12	3	203.63	207.37	212.18

① 水库旬初水位在正常供水加大出力区 补偿供水期（4～9月）按相应的综合供水目标放流；发电供水期（10月至翌年3月）按保证出力的1.4倍运行。当水库水位达到正常蓄水位或汛限水位时，电站按全部装机容量250MW运行；此时，如果天然来水仍大于机组最大引用流量时，水库弃水。

② 水库旬初水位在减少供水保证出力区 补偿供水期（4～9月）按相应的综合供水目标放流，发电供水期（10月至翌年3月）按保证出力运行。

③ 水库旬初水位在减少供水0.7倍保证出力区 补偿供水期（4～9月）按相应的综合供水目标放流，发电供水期（10月至翌年3月）按保证出力的0.7倍运行。

④ 水库旬初水位在减少供水0.5倍保证出力区 补偿供水期（4～9月）按相应的综合供水目标放流，发电供水期（10月至翌年3月）按保证出力的0.5倍运行。

⑤ 若水库水位已降至死水位195m时，电站按水库允许放流发电，严禁将水库水位降至死水位195m以下，以避免水库低水头运行造成的能量损失。

尼尔基水库补偿供水期放流目标见表5-8。

表 5-8　尼尔基水库补偿供水期放流目标　　　单位：m³/s

内容		旬	四月	五月	六月	七月	八月	九月
综合供水目标	正常供水加大出力区	上	165	414	400	611	328	195
		中	187	661	420	611	328	195
		下	160	661	390	611	328	195
	减少供水保证出力区	上	121	259	217	407	303	191
		中	143	352	237	407	303	191
		下	116	352	207	407	303	191
	减少供水0.7倍保证出力区	上	110	193	151	307	248	186
		中	132	220	171	307	248	186
		下	105	220	141	307	248	186
	减少供水0.5倍保证出力区	上	110	193	151	307	248	186
		中	132	220	171	307	248	186
		下	105	220	141	307	248	186

（2）2015年调度线 水库设计水平年2015年调度原则见表5-9。

表 5-9　尼尔基水库2015年水平年调度线　　　单位：m

月份	渔苇供水限制线	农业供水限制线	航运供水限制线	城镇供水限制线
1	212.18	210.93	207.31	202.19
2	211.77	210.49	206.77	201.35
3	211.35	210.03	206.21	200.43

月份	渔苇 供水限制线	农业 供水限制线	航运 供水限制线	城镇 供水限制线
4	210.91	209.56	205.6	199.4
5	208.92	207.73	204.06	198.74
6	208	205.43	202.8	198.49
7	212.67	211.14	206.4	198.49
8	209.12	207.35	204.65	196.32
9	211	209.19	205.04	198.55
10	211.54	210.27	206.43	200.93
11	212.67	211.42	207.91	203.18
12	212.53	211.3	207.76	202.86

① 水库月初水位在渔苇供水限制线以上：补偿供水期按渔苇供水目标放流。若入库流量大于 $1000m^3/s$，电站三台机组满发；发电期按保证出力的 1.2 倍运行。

② 水库月初水位在农业供水限制线以上，渔苇供水限制线以下：供水期按农业供水目标放流。若入库流量大于 $1000m^3/s$，电站三台机组满发；发电期按保证出力运行。

③ 水库月初水位在航运供水限制线以上，农业供水限制线以下：供水期按航运供水目标放流，若入库流量大于 $1000m^3/s$，电站两台机组满发；发电期按保证出力运行。

④ 水库月初水位在城镇供水限制线以上，航运供水限制线以下：供水期按城镇供水目标放流，若入库流量大于 $1000m^3/s$，电站两台机组满发；发电期按保证出力的 0.7 倍运行。

⑤ 水库月初水位在城镇供水限制线以下：按保证出力的 0.7 倍运行，特枯月份允许降至保证出力的 0.6 倍。

尼尔基水库 2015 年供水期放流目标见表 5-10。

表 5-10 尼尔基水库 2015 年供水期放流目标　　单位：m^3/s

供水目标名称	四月	五月	六月	七月	八月	九月
湿地供水目标	306	899	725	661	268	174
农业供水目标	267	802	668	644	257	145
航运供水目标	186	575	502	536	250	144
城镇供水目标	169	272	255	260	170	143

2. 丰满水库

丰满水库现行的调度规则见表 5-11 与图 5-3。

表 5-11　丰满水库调度规则

月份	s1	s2	s3	s4	s5	s6	s7	s8
1	246.7	249.3	259.0	261.0	263.0	264.4	264.4	264.4
2	245.9	247.8	256.9	258.8	260.8	262.7	264.4	264.4
3	244.8	245.6	254.1	255.5	257.6	259.6	261.3	263.5
4	244.0	244.0	252.3	253.6	255.4	257.1	258.9	261.0
5	246.1	248.2	256.0	256.8	257.7	258.5	258.9	259.0
6	246.0	248.0	257.2	258.0	258.3	258.4	258.5	258.6
7	246.4	248.9	257.2	258.2	258.4	258.5	258.6	258.7
8	249.0	254.0	258.2	258.5	258.6	258.7	258.8	258.9
9	250.4	256.8	261.0	261.2	261.4	261.6	261.8	262.0
10	250.2	256.4	262.0	262.5	262.7	262.8	262.9	263.0
11	249.3	254.4	261.7	263.2	263.5	263.5	263.5	263.5
12	247.3	251.5	260.5	262.3	263.5	263.5	263.5	263.5
单位/$\times 10^4$kW	N（死水位～1）下泄量 161m³/s	N（1～2）=10.7	N（2～3）=16.60	NV（3～4）=（出力随水位可变）	NV（4～5）=25	N（5～6）=35	N（6～7）=45	N（7～8）=55.4

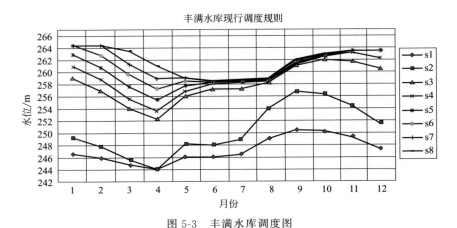

图 5-3　丰满水库调度图

3. 哈达山水库

（1）防洪调度运行方式　由于哈达山水利枢纽一期库容非常有限，不承担下游防洪任务。在主汛期，当来水小于泄流能力时按来水泄流；当来水大于泄流时，按照泄洪设备泄流能力进行泄流。

（2）兴利调度运行方式　水库的供水顺序，首先满足下游环境、生活、工业用水（松原市区、防病改水、油田）前郭灌区和东灌区直接供用户需水，再满足吉林西部的各行业用水。

（3）防冰、防凌措施　水库蓄水运行后，上下游病情将发生变化，主要表现为以下几点。

① 建库后河道水位抬高，水库横向过流断面增大，所以一般水库只有库末行冰流速大，库区行冰流速很小，流冰不至于对挡水建筑物造成严重撞击。

② 建库后，水面面积增大，稳定封冰期冰面宽广，滩地水浅流速小，有利于岸冰的形成和增长。

③ 水库蓄水后水深增大，成为水体热量的调节器，它在冬季是个热源。电站发电出库水温较高，水库下游一定长度内主河道不结冰，呈敞露水面，距坝址较远河段的冰清也有不同程度的减轻。

减少流冰撞击与提高过冰能力的措施如下：

① 适当疏通河道，用挖泥船将河道中易形成冰坝的浅滩挖掉，使河底保持一定的水深。

② 在河道封冰以前，适当增加出库流量，使下游形成高水位封江，从而增加冰盖下的过流能力，为春季文开江制造有利条件。

③ 发生封河现象后，下泄适应冰盖下过流能力流量，不至于造成下游河道因出库流量变大而产生几封几开的局面。

④ 加强对枢纽工程上下游河道水文、气象的监测和预报，合理进行水库调度，尽可能避免过冰，减小枢纽过冰压力。开江期尽可能减小出库流量，减小武开江的几率，降低和减弱冰凌危害。

⑤ 当枢纽确需排冰时，为将浮冰排到下游，靠厂房侧和靠土坝侧分别有 1 个闸孔的工作闸门设计成带舌瓣闸门的弧门，其余 18 孔工作闸门均为普通弧门，带舌瓣闸门的弧门也可用来排漂。

4. 大顶子山水库

大顶子山水库是低水头航电枢纽，以航运补水为主，电能计算采用无调节径流式电站计算方法，水库在非航运期，基本上维持正常蓄水位，按入流和泄流相同为计算原则，进而满足环境保护用水。

（1）调节计算原则

① 起调水位从正常蓄水位起调。

② 非航运期，水位维持正常蓄水位，调度方式是来多少放多少。

③ 航运期，来水小于 $550\mathrm{m}^3/\mathrm{s}$，水库补水到 $550\mathrm{m}^3/\mathrm{s}$；来水大于 $550\mathrm{m}^3/\mathrm{s}$，

蓄至正常蓄水位，利用放流扣除航运船闸用水后尽量发电。

④ 统计电能指标和保证率等一系列指标。

（2）电能计算方法

采用无调节径流式水电站计算方法，按式(5-1)、式(5-2) 计算：

$$N_i = K H_i Q_i \tag{5-1}$$

$$E_i = N_i T \tag{5-2}$$

式中　K——出力系数，取 8.35 (9.8×0.878×0.97＝8.35)；

　　　N_i——第 i 时段平均出力，kW；

　　　H_i——日平均水头，m（水头损失 H_s 取 0.3m）；

　　　Q_i——发电流量，m³/s；

　　　E_i——日发电量，kW·h；

　　　T——出力时段长，h。

大顶子山水库坝址 H-Q 曲线表见表 5-12。

表 5-12　大顶子山水库坝址 H-Q 曲线表

H/m	Q/(m³/s)	H/m	Q/(m³/s)
107.00	0	113.00	4260
107.20	110	113.50	5000
107.70	260	114.00	6030
108.00	400	114.50	7230
108.50	536	115.00	8560
109.00	816	115.50	10400
109.50	1080	116.00	12800
110.00	1400	116.50	15400
110.50	1750	117.00	18200
111.00	2200	117.65	23600
111.50	2650	118.00	26000
112.00	3150	118.35	30000
112.50	3650		

5. 白山水库

白山水库是一座以发电为主兼有防洪、航运、养鱼等综合效益的大型水利枢纽工程，白山水库具体调度规则见表 5-13 与图 5-4。

表 5-13　白山水库调度规则

月份	s1	s2	s3	s4	s5	s6	s7	s8	s9
1	388.4	391.4	395.2	408.1	410.7	413.2	415.5	416.5	416.5
2	385.4	387.5	390.0	404.7	407.3	409.9	412.7	415.0	416.5
3	382.6	383.7	384.6	401.4	404.0	406.7	409.5	411.8	416.5
4	380.0	380.0	380.0	398.0	400.6	403.2	405.9	408.4	413.0
5	382.8	383.5	384.2	399.8	402.2	404.7	407.0	409.2	413.0
6	387.0	388.6	391.0	405.1	406.4	407.8	409.6	411.2	413.0
7	388.8	392.2	395.5	406.8	408.0	409.2	410.8	412.1	413.0
8	390.2	394.5	399.0	409.3	410.2	411.0	411.8	412.5	413.0
9	394.4	399.2	404.2	413.0	413.7	414.6	415.5	416.3	416.5
10	393.9	398.8	403.2	413.1	415.3	416.5	416.5	416.5	416.5
11	392.6	397.1	401.8	412.4	414.6	416.5	416.5	416.5	416.5
12	391.0	394.7	399.2	410.8	413.2	415.5	416.5	416.5	416.5
单位 /×10⁴ kW	N（死水位～1） =6.0	N（1～2） =8.35	N（2～3） =12.53	N（3～4） =16.7	NV（4～5） =（出力随水位可变）	N（5～6） =24.0	N（6～7） =28.8	N（7～8） =34.6	N（8～9）=41.5

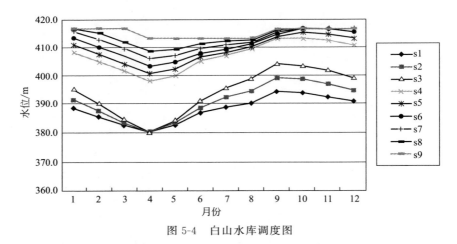

图 5-4　白山水库调度图

6. 其他主要水库

星星哨、石头口门、新立城和太平池水库以防洪、灌溉和城市供水为主，调度按照汛期按照汛限水位、枯季按照供水需求进行供水的调度原则。

（二）指令调度

为了应对水污染突发事件，往往需要保证下游重点取水口、城市等供水安全；为此需要根据决策者的经验或多部门协商的意见给定水库的下泄流量，模型可以根据指令进行模拟调度，因此指令调度也可以看成模拟调度。

（三）优化调度

以水质达标或者超标时间最短与供水和发电效益最大为目标，以防洪、航运等作为约束条件，通过构建基于动态优化算法的水库调度模型，实现了面向水污染突发事件的单库优化调度，并通过多库联合模拟调度，实现了流域的优化调度。

（1）目标函数

目标函数：$G = k_1 E + k_2 F + k_3 T$

发电量最大：$E = \max \sum_{i=1}^{N} \sum_{t=1}^{T} N_{i,t} \Delta t$

供水量最大：$F = \max \sum_{i=1}^{N} \sum_{t=1}^{T} Q_{i,t} \Delta t$

水质超标时间最短：$T = \max \sum_{j=1}^{M} t_j$

式中，k_1、k_2、k_3 为权重系数；$N_{i,t}$ 为第 i 个水库 t 时段的出力；$Q_{i,t}$ 为第 i 个供水工程 t 时段的供水量；t_j 为第 j 个断面或目标的水质超标时间。

（2）约束条件　约束条件包括水库下泄流量约束、发电出力约束、水库蓄水量（位）约束、水量平衡约束、供水能力约束、水质目标约束和非负约束等。

（3）模型求解　水库优化模型采用逐次逼近动态规划方法进行求解，具体求解过程如下。

① 假设各水库的初始调度策略和状态序列。

② 先对第一个水库进行优化，其余 $n-1$ 个水库的运行策略和状态变量序列暂时保持不变，进行水库群调度和河道水质水量模拟。

③ 在对第二个水库进行优化，除第一个水库保持新的运行策略外，其余水库仍保持初始策略，用优化算法求解第二个水库的最优运行策略。

④ 用同样的方法对剩下的水库分别进行优化，得到各个水库新的运行策略。

⑤ 重复①～④步骤，直到目标函数满足收敛条件。

三、其他工程调度

为了应对水污染突发事件，减小水污染事件的影响，需要对引提水工程调度；在特殊情况下为了避免不必要的国际争端和保证行洪安全，还需要对蓄滞洪区的运用进行调度。对于引提水工程的调度主要根据供水对象的水质要求调度，蓄滞洪区根据蓄滞洪区调度规则以及决策指令调度。

蓄滞洪区启用与运用规则遵循蓄滞洪区的运用办法，即当嫩江中下游发生重大水污染事件，并且其他调控措施效果不明显，严重威胁松花江干流沿线以及国际河流黑龙江的饮水及环境安全时，有必要启用月亮泡和胖头泡蓄滞洪区，把嫩江的污水引入蓄滞洪区集中处理。其优先序是在满足启用条件时首先启用月亮泡蓄滞洪区，当月亮泡不能蓄积污水时启用胖头泡蓄滞洪区；胖头泡、月亮泡蓄滞洪区基本情况及具体调度规则如下。

1. 胖头泡蓄滞洪区

（1）基本情况　胖头泡蓄滞洪区位于黑龙江省肇源县西部，北以南引水库为界，西、南以嫩江、松干堤防为界，东以林肇路和安肇新河为界，总面积 2116km²。

从地形上看，西北高，东南低，区内分布一些岗地和泡沼。其中岗地面积 205km²，泡沼面积 622km²（含南引水库），分别占蓄滞洪区总面积的 9.7% 和 29.4%。有林地面积约 2.13×10^4 km²，均为次生林和人工林，森林覆盖率为 10.2%；现有耕地 5.30×10^4 km²，占蓄滞洪区总面积的 25%，淹没范围内耕地 4.33×10^4 km²。蓄滞洪区内涉及肇源县 14 个乡镇（场），共计 102 个村 230 个屯，2000 年人口 20.76 万人。蓄滞洪区内有大庆的头台、熬包塔、葡萄花和新站四个油田，已建成油井 825 口，注水井 364 口，年产原油 83 万吨。区内有通让铁路通过，在淹没区内长度 40km。1998 年洪灾前财产总值近 100 亿元，1998 年洪灾损失 23 亿元。

（2）运行方式　根据预报，如果月亮泡蓄滞洪区库容或分洪流量无法满足哈尔滨市防洪要求时，同时启用胖头泡蓄滞洪区，在进水口老龙口堤段破堤分洪。

2. 月亮泡蓄滞洪区

（1）基本情况　月亮泡蓄滞洪区位于洮儿河入嫩江河口处，吉林省镇赉县和大安市境内，为原月亮泡水库扩大范围而成，总面积 606km²。蓄滞洪区分为两区，新荒泡为一区，其余为二区；主要防洪任务是拦蓄洮儿河洪水，当洮儿河洪水与嫩江洪水不遭遇时，可分蓄嫩江洪水。

原月亮泡水库主要任务是灌溉和养鱼，设计灌溉面积 2.5×10^4 km²，养鱼水面 2.04×10^4 km²。水库校核洪水位 133.7m，设计洪水位 133.5m，兴利水位 131m，相应库容 4.84×10^8 m³，死水位 127m，相应库容 0.25×10^8 m³。改设蓄滞洪区后，起调水位 131.0m，相应面积 230km²，容积 4.81×10^8 m³；最高蓄水位为 134.57m，相应面积 606km²，相应容积 22×10^8 m³。在哈尔滨发生 200 年一遇洪水时，蓄滞洪区最大分洪流量 2011m³/s，最大分洪量为 13.01×10^8 m³。

蓄滞洪区范围内有镇赉县、大安市 7 个乡（镇），19 个村，38 个屯，2800 户，1.07 万人，耕地 15371hm²，房屋 7563 间，10kV 输电线路 94.5km，220V

输电线路 280km，通信线路 58.6km，没有重要的工矿企业，工农业总产值 13966 万元。

（2）运行方式

① 为哈尔滨分洪前，月亮泡蓄滞洪区水位高于或等于起调水位 131.0m 时，哈尔金闸全部开启，泄洮儿河洪水进入嫩江。

② 根据预报需要为哈尔滨市分洪时，当月亮泡水位高于嫩江水位时关闭哈尔金闸，月亮泡可拦蓄洮儿河洪水；当嫩江水位高于月亮泡水位时，打开哈尔金闸，月亮泡蓄滞洪区开始分蓄嫩江洪水。

③ 月亮泡蓄滞洪区蓄满后，泄流等于洮儿河入流。

第三节　水质水量模拟与调控机制

一、水质水量模拟

（一）流域水质水量耦合模型

本研究采用 WEQ 模型进行水质水量耦合模拟。WEQ 模型（water quality model based on WEP），即基于 WEP 的流域分布式水质模型，是基于 WEP 分布式流域水循环模型自主开发的，用于描述污染物陆域-河道内迁移转化规律的分布式流域水质模型。其特点是以二元水循环过程作为判定污染物输移的标尺，将污染来源划分成 7 种类型进行模拟。

平面结构上，WEQ 模型采用"子流域套等高带"划分方法及改进型的 Pfaf-stetter 编码规则；计算单元内的污染物平衡分量包括上游来水中的污染负荷、本地污染物入河负荷、人工取水中携带的污染负荷、河流污染物沉积到底泥中的负荷、底泥释放到河流中的负荷、河流污染物负荷衰减分量共 7 项。

WEQ 模型包含数据输入、污染源产生估算、污染物入河、河道污染物迁移转化以及结果输出 5 部分，污染源细化为 7 类（其中点源 2 项：工业点源和城镇生活点源；面源 5 项：农田面源、农村生活面源、畜禽养殖面源、土壤侵蚀面源和城镇地表径流面源），实现多元复合污染耦合模拟。

WEQ 模型主要考虑地表水污染过程，因此忽略垂向结构的变化。污染物产生量、入河量、河道迁移过程分别伴生于水循环过程中的坡面产流、坡面汇流及河道汇流。其中，面源的主要驱动力是自然水循环过程，点源的主要驱动力是人工侧支水循环。WEQ 模型具体流程见图 5-5。

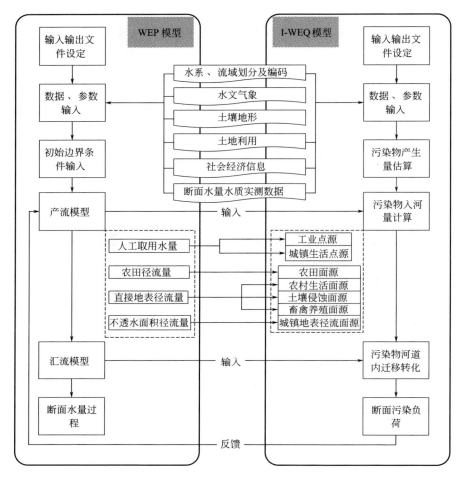

图 5-5　WEQ 模型内部流程图

（二）水动力-水质模型

采用一维圣维南方程组来描述河网水流模型，并在此基础上构建河网水质数学模型。

（1）**水动力学方程**　考虑旁侧入流的连续性方程，如式（5-3）所示：

$$B\frac{\partial z}{\partial t}+\frac{\partial Q}{\partial s}=q \tag{5-3}$$

对于以水位 z 和流速 v 为因变量的运动方程如式（5-4）所示：

$$g\frac{\partial z}{\partial s}+\frac{\partial v}{\partial t}+v\frac{\partial v}{\partial s}+g\frac{v^2}{C^2R}=0 \tag{5-4}$$

式中，Q 为过水断面流量，m^3/s；z 为水位，m；t 为时间，s；s 为沿河长

的距离，m；q 为旁侧入流，m^3/s；v 为流速，m^3/s；g 为重力加速度，m/s^2；C 为谢才系数；R 为断面水力半径，m。

（2）水质动力学方程　针对污染物在河道中的物理化学性质，将应急水污染突发事件所描述的污染物种类大致划分为溶解性、悬浮性、沉积吸附性。同时，考虑到应急响应的时效性，不考虑对流及弥散过程引起的污染物衰减问题。采用非稳态条件下一维纵向移流离散方程，如式（5-5）所示：

$$\frac{\partial C}{\partial t}+u\frac{\partial C}{\partial x}=\frac{\partial}{\partial x}\left(E\frac{\partial C}{\partial x}\right)+\sum S_i \tag{5-5}$$

该方程是从斯特里特-菲尔普斯建立的稳态条件下一维河流水质模型扩展而来。同样，依照原来模型的推理条件，上述方程式（5-5）再作以下假设：

① 模拟的对象水体处于好氧状态。

② 方程中的源汇项 $\sum S_i$，只考虑耗氧微生物参与的 BOD、有机物化学物质 COD 和 NH_3-N 的氧化衰减反应，并认为该反应符合一级反应动力学，即 $\sum S_i=-K_1L$。

③ 引起水体中溶解氧 DO 减少的原因，只是由于 BOD、COD 和 NH_3-N 的氧化降解所引起的；其综合减少速率与相应 BOD、COD 和 NH_3-N 的降解速率成正比关系，水体中的复氧速率与氧亏成正比（氧亏是指溶解氧浓度与饱和溶解氧浓度的差值）。

由以上假设，根据非稳态的一维迁移转化基本方程，非稳态的一维综合水质模型可用式（5-6）、式（5-7）来表示。

$$\begin{cases}\frac{\partial L}{\partial t}+u\frac{\partial L}{\partial x}=\frac{\partial}{\partial x}\left(E\frac{\partial L}{\partial x}\right)-K_LL+\frac{qC_L}{A}\\\frac{\partial D}{\partial t}+u\frac{\partial D}{\partial x}=\frac{\partial}{\partial x}\left(E\frac{\partial D}{\partial x}\right)-K_DD+\frac{qC_D}{A}\\\frac{\partial N}{\partial t}+u\frac{\partial N}{\partial x}=\frac{\partial}{\partial x}\left(E\frac{\partial N}{\partial x}\right)-K_NN+\frac{qC_N}{A}\\\frac{\partial O}{\partial t}+u\frac{\partial O}{\partial x}=\frac{\partial}{\partial x}\left(E\frac{\partial O}{\partial x}\right)-K_LL-K_DD-K_NN+K_O(O_s-O)+\frac{qC_O}{A}\end{cases} \tag{5-6}$$

式中，L、N、D、O 分别为 $x=x$ 处河渠水流中 BOD、COD、NH_3-N 和 DO 浓度；O_s 为河水在某温度时饱和溶解氧浓度；x 为离排污口处（$x=0$）的河水流动的距离；u 为河渠水流断面的平均流速；K_L，K_N，K_D 分别为 BOD、COD 和 NH_3-N 的衰减系数；K_O 为河水的复氧系数；E 为河流离散系数；q 为 $x=x$ 处微分河段内单位长度河长的汇流量；C_L，C_N，C_D，C_O 分别为汇入河渠中的 BOD、COD、NH_3-N 和 DO 的浓度；A 为 $x=x$ 处河渠断面的面积。

（3）冰期水质模型　河渠冰期水流运动与污染物归趋现象是一个非常复杂的水动力与水质过程。仅河渠冰盖形成就是一个非常复杂的物理过程，其发展方程包括：①水流的热扩散方程；②冰花的扩散方程；③冰盖下水流的输冰能力；④水面浮冰的输运方程；⑤冰盖和冰块厚度的发展方程。因此，为了简化模拟计算，将冰盖对河道水流的影响概化为封冻河道阻力项的影响，也就是综合考虑河床糙率和冰盖糙率对水流的影响。冰期水质模型是在明水期水质模型的基础上，考虑冰期冰体中污染物赋存量的百分比确定，污染物在冰下水体中迁移转化的综合衰减系数根据水温进行调整。

因此，冰期水动力模型就是在圣维南方程组的基础上，考虑水流内部及边界的摩阻损失的方程，即

$$n_c = \left(\frac{n_b^{3/2} + n_i^{3/2}}{2} \right)^{2/3} \tag{5-7}$$

式中，n_c 为综合糙率值；n_b 和 n_i 分别为河床、冰盖糙率值。

（4）模型的求解　对于水动力学方程运用普林士曼隐格式（Preismann）将圣维南方程组离散，可得求解矩阵方程组，然后应用追赶法和迭代法进行求解。具体求解步骤为：①将每河段的圣维南方程组隐式差分得河段方程；②将每一河段的河段方程依次消元求出首尾断面的水位流量关系式；③将上步求出的关系式代入汊点连接方程和边界方程得到以各汊点水位（下游已知水位的边界汊点除外）为未知量的求解矩阵；④求解此矩阵得各汊点的水位；⑤将汊点水位进一步计算得汊点各断面的流量；⑥回代河段方程得所有断面的水位流量。编制程序时给定汊点和边界节点的判断标识，将与汊点所连接的每个河段编号进行识别，并且需要对连接河段端节点的初始上下游统一识别，从而形成一个完整有序的河网拓扑结构。其程序编制过程如图5-6所示。

根据综合水质模型的特点，针对模型中每一个方程按照均衡域内物质守恒原理方法进行离散，可以得到相应的矩阵方程。并对方程采用一定的边界处理的方式，可以得到边界处的求解表达式，从而对于每一个方程都可以形成一个完整的求解矩阵，应用追赶法求解。其中，BOD、COD 和 NH_3-N 方程可以离散形成独立求解矩阵，对于 DO 方程需要在以上浓度求解的基础上，将浓度值传递给 DO 求解方程。

（三）水文模型

在水动力学模型的基础上，为了提高预算速度和效率，构建了基于马斯京根河道汇流模型和一维水质模型的水文学方法。

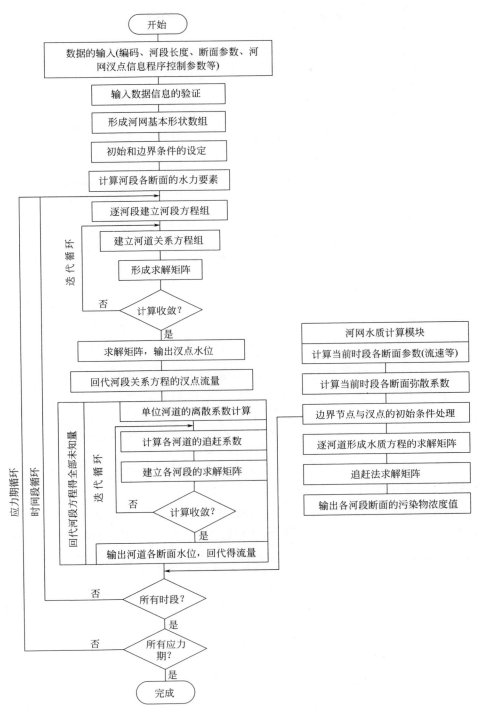

图 5-6　水动力与水质模型程序编制框图

1. 马斯京根模型

马斯京根法是利用河段水量槽蓄方程代替复杂的水动力方程，从而使计算过程极大简化，同时又能取得满足实用的演算精度。其采用的基本方程见式(5-8)：

$$
\left.
\begin{aligned}
I(t) - Q(t) &= \frac{\mathrm{d}W(t)}{\mathrm{d}t} \\
W(t) &= k[xI(t) + (1-x)Q(t)] = KQ'(t)
\end{aligned}
\right\}
\tag{5-8}
$$

式中，$I(t)$ 为河段上断面入流量；$Q(t)$ 为河段下断面出流量；$W(t)$ 为河段的槽蓄量；K 为槽蓄系数，具有时间因次，相当于洪水波在河段中的传播时间；x 为流量比重因子，无因次，主要与洪水波的坦化变形程度有关；$Q'(t)$ 为示储流量。式(5-8) 的差分解为：

$$
\left.
\begin{aligned}
\widetilde{Q}(1) &= Q(1) \\
\widetilde{Q}(i) &= c_0 I(i) + c_1 I(i-1) + c_2 Q(i-1), i = 2 \sim n
\end{aligned}
\right\}
\tag{5-9}
$$

$$
c_0 = \frac{\frac{1}{2}\Delta t - Kx}{K - Kx + \frac{1}{2}\Delta t}, \quad c_1 = \frac{\frac{1}{2}\Delta t + Kx}{K - Kx + \frac{1}{2}\Delta t}, \quad c_2 = \frac{K - Kx - \frac{1}{2}\Delta t}{K - Kx + \frac{1}{2}\Delta t}
$$

$$
\tag{5-10}
$$

式中，$\widetilde{Q}(i)$，Q 分别为第 i 个时段的演算出流量与实测流量；$I(i)$ 为第 i 个演算时段的入流量；n 为演算时段个数；Δt 为计算时段；c_0、c_1、c_2 为流量演算系数，且满足：

$$
c_0 + c_1 + c_2 = 1.0
\tag{5-11}
$$

式(5-9)、式(5-10) 和式(5-11) 组成马斯京根模型流量演算公式。马斯京根模型在实际应用中的一个重要问题是模型参数 x、K 或 c_0、c_1、c_2 的估计。

目前，为了避免出现负出流等不合理现象，常利用分段连续演算法进行河道演算，即将河道分成 N 段后，每个子河段参数 K_L、x_L 与未分河段时的参数 K、x 的关系见式(5-12)、式(5-13)：

$$
K_L = \frac{K}{N}
\tag{5-12}
$$

$$
x_L = 0.5 - \frac{N}{2}(1 - 2x)
\tag{5-13}
$$

2. 河道一维水质模型

一维河流水质基本方程可表达如下：

$$
\frac{\partial C}{\partial t} - \frac{Q}{A}\frac{\partial C}{\partial x} + D_x \frac{\partial^2 C}{\partial x^2} + \sum S'
\tag{5-14}
$$

式中，C 为断面平均浓度，mg/L；D_x 为纵向移流离散系数；$\sum S'$ 为源汇项。根据污染物特征对式(5-14)进行概化并确定边界条件。

(1) 耗氧污染物　考虑耗氧微生物参与的氧化衰减反应（如 BOD、COD、NH_3-N 等），可表示如式(5-15)所示：

$$\frac{\partial C}{\partial t} + u\frac{\partial C}{\partial x} = \frac{\partial}{\partial x}\left(E\frac{\partial C}{\partial x}\right) - K_1 C + \frac{qC_L}{A} \tag{5-15}$$

式中，C 为水中耗氧污染物浓度，mg/L；x 为离排污口处（$x=0$）的河水流动的距离，m；u 为河渠水流断面的平均流速，m/s；E 为河流离散系数，m^2/s；K_1 为衰减系数，d^{-1}；q 为单位长度河长的汇流量，m^3/(s·m)；C_L 为汇入河道中污染物浓度，mg/L；A 为河道断面的面积，m^2。

边界条件如式(5-16)所示。

$$C(x,0) = C_0; \quad C(x,t) = C_x \tag{5-16}$$

式中，C_0、C_x 为常数。

(2) 油类　根据油类污染物在径流中的分布特点，以及水相中、径流泥沙颗粒上及底泥上的油类污染物吸附平衡关系和物料平衡方程，建立用于描述一维河流油类污染物迁移转化基本方程，并利用 Henry 线性平衡模式表示。具体公式如式(5-17)所示。

$$\left.\begin{array}{l}\dfrac{\partial C_W}{\partial t} + u\dfrac{\partial C_W}{\partial x} = E\dfrac{\partial^2 C_W}{\partial x^2} - S\dfrac{\partial C_S}{\partial t} - \dfrac{1}{R}\dfrac{\partial C_{S3}}{\partial t} \\[2mm] C_S = k_1 C_W; C_{S3} = k_2 C_W \end{array}\right\} \tag{5-17}$$

式中，C_W 为水中油类污染物浓度，mg/L；S 为含沙量，kg/m^3；C_S 为泥沙平均污染强度，mg/L；R 为过水断面水力半径，m；C_{S3} 为单位面积底泥对水中油类污染物的吸附量，mg/L；k_1、k_2 分别表示吸附等温式中悬移质与推移质泥沙及底泥对油类吸附平衡常数，无量纲；其他参数同上。

边界条件如式(5-18)所示。

$$C_W(0,t) = C_{W0}(t); C_W(\infty,t) = C_{Wx}; C_W(x,t) = C_{Wx}; C_S(x,0) = C_{S0} \tag{5-18}$$

式中，C_{W0}、C_{Wx} 和 C_{S0} 为常数。

(3) 吸附态重金属　重金属时空迁移规律研究成果表明，其在泥沙颗粒上的吸附和共沉淀作用是描述重金属在水体中运动的关键环节。不仅包含对溶解度、络合离子对的赋存态研究，还要包含重金属在泥沙颗粒上的吸附、解吸过程。Freundlich 型吸附模式适应描述高浓度重金属在水中的吸附情况。基本方程如式

（5-19）所示。

$$\frac{\partial C_M}{\partial t} + u \frac{\partial C_M}{\partial x} = \frac{\partial}{\partial x}\left(E \frac{\partial C_M}{\partial x}\right) + (S_L + S_B) \tag{5-19}$$

式中，C_M 为水中重金属浓度，mg/L；S_L 为点源、面源负荷项，kg/m^3；S_B 为边界负荷项，kg/m^3；其他参数同上。

3. 水库零维水质模拟

当污染物进入水库，将水库作为完全混合系统考虑，由于系统内物质是混合均匀的，采用零维模型计算污染物的输出浓度能够提高计算速度，满足应急模拟的需求（忽略短期内地下水及大气降水的污染物输入）。计算公式见式（5-20）。

$$\frac{dC}{dt} = \frac{Q_{in} C_{in}}{V} + \frac{rA}{V} - \frac{Q_{out} + AS}{V} \times C \tag{5-20}$$

式中，C 为出流浓度，mg/L；C_{in} 为入流浓度，mg/L；Q_{in} 为入流量，m^3/s；Q_{out} 为出流量，m^3/s；V 为水体体积，m^3；r 为释放率，g/m^2；A 为水面面积，m^2；S 为表面沉降速率，m/s。

（四）河流水体污染物衰减系数试验分析

污染物综合衰减系数 k 是反映河流中污染物输移与扩散特性的参数，是水质模型中最重要的参数之一。本研究制定了一套污染物综合衰减系数 k 的试验设计方案，实现参数的本地化。

选取齐齐哈尔、哈尔滨、吉林三个城市上、下游共计 12 个水质断面，每个断面监测项目为溶解氧、氨氮、高锰酸盐指数、总磷、化学需氧量、六价铬、砷等共七项指标以及水温、平均流速、水面宽度、平均水深等水文、水力学参数。采用河道一维水质模型，反算污染物综合衰减系数 k。计算结果见表5-14所示。

表 5-14　松花江干流实验河段综合衰减系数　　　单位：d^{-1}

河段名称	高锰酸盐指数	化学需氧量	氨氮	总磷
吉林城市上游段	0.33	0.51	2.57	2.06
吉林城市下游段	0.69	0.15	2.62	7.03
齐齐哈尔城市上游段	1.19	0.66	4.10	2.88
齐齐哈尔城市下游段	0.45	5.23	2.36	3.10
哈尔滨城市上游段	0.09	0.45	8.08	3.18
哈尔滨城市下游段	1.81	0.11	2.15	3.78

注：水体中六价铬指标浓度低于检出值，砷指标浓度满足Ⅰ类水体指标要求，因此，本次没有计算这两项指标的综合衰减系数。

（五）模拟结果率定与验证

1. 水动力学模型验证

（1）明水期　明水期水动力模型率定与验证以第二松花江为研究区域。计算中上游边界为吉林水文站，下游边界为扶余水文站，上游、下游边界均给定流量过程线。用 2006 年、2007 年第二松花江上松花江水文站明水期（4 月 15 日～11 月 15 日）水位、流量数据对模型进行率定验证，以糙率系数为基本率定参数，模拟采用的距离步长为 2500m，时间步长为 15min。以 2007 年水位、流量数据为率定数据，以 2006 年水位、流量数据为验证数据。经率定，二松干流的糙率系数在 0.024～0.037 之间，与我国水文年鉴推荐数据基本吻合。以明水期松花江水文站断面的计算结果与实测值进行对比可知（如图 5-7 所示），二者吻合较好，满足模型应用的要求。

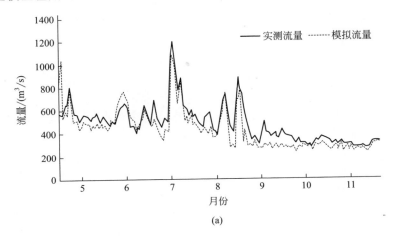

(a)

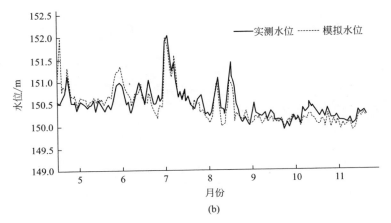

(b)

图 5-7　松花江水文站断面明水期验证结果

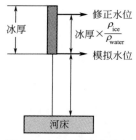

图 5-8　冰期模拟水位与
修正水位转换示意图

（2）冰期　冰期模拟时间为 2007 年 1 月 1 日～3 月 15 日，范围从二松吉林水文站到下游扶余水文站，其他条件同上。在此期间考虑到吉林水文站以下几十公里不结冰，所以在这里通过设置水温为判定条件，水温大于 0.1℃时的河段仍按明流模型计算，水温小于等于 0.1℃时的河段按封冻模型计算；以 2007 年水位、流量数据为率定数据，以 2006 年水位、流量数据为验证数据，需要考虑冬季冰面水位的测量特点（如图 5-8 所示）。经率定，冬季二松干流的糙率系数在 0.025～0.043 之间。

所以对模拟计算得到的水位结果还需进一步修正，公式见式(5-21)：

$$\text{模拟水位} + \text{冰厚} \times \frac{\rho_{\text{ice}}}{\rho_{\text{water}}} = \text{修正水位} \qquad (5\text{-}21)$$

利用上述水位修正公式得到的松花江水文站断面冰封期计算结果如图 5-9 所示。

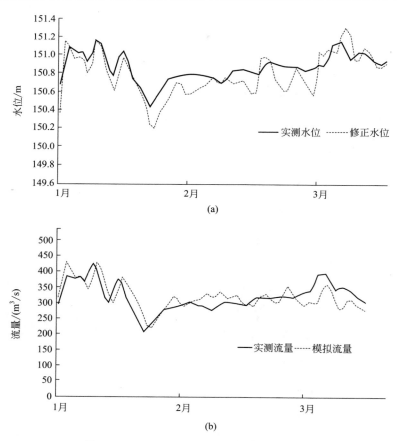

图 5-9　松花江水文站断面冰封期验证结果

从图 5-9 可以看出，松花江水文站的模拟值与实际值整体变化趋势基本吻合，经过修正水位模拟后，绝大多数水位误差在 5% 左右，流量误差在 10% 以内。模拟期间，断面冰盖厚度发展如图 5-10 所示。计算结果表明，建立的冰封期的水动力模型能够较好地适用于该地区。

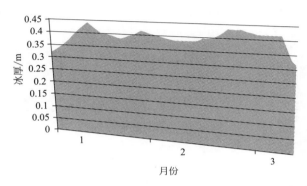

图 5-10　松花江水文站断面 2007 年 1 月 1 日～3 月 15 日的冰厚

2. 水文方法断面流量验证

通过对 2005 年 1 月至 12 月松花江主要河段数据的模拟计算，给出主要河段拟合结果和模型参数，如图 5-11～图 5-14 所示。

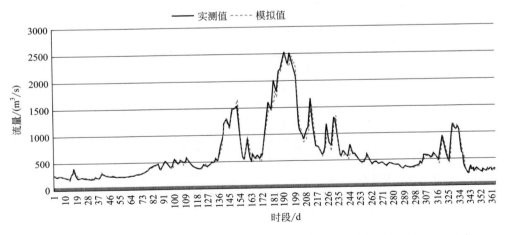

图 5-11　第二松花江干流（吉林水文站—松花江水文站）河道水量模拟结果（2005 年）

3. COD/氨氮断面负荷及浓度验证

以 2006 年为例，对汉阳屯、松原上、富拉尔基、江桥、下岱吉及哈尔滨下（及哈尔滨水泥厂）等断面的逐月负荷进行模拟，模拟指标为 COD 和氨氮。主要模拟断面基本信息见表 5-15。

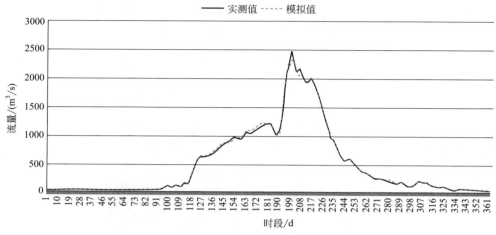

图 5-12　嫩江（江桥水文站—大赉水文站）河道水量模拟结果（2005 年）

图 5-13　松干（下岱吉水文站—哈尔滨水文站）河道水量模拟结果（2005 年）

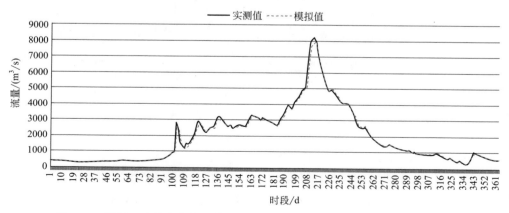

图 5-14　松干（依兰水文站—佳木斯水文站）河道水量模拟结果（2005 年）

表 5-15　COD/氨氮主要模拟断面基本信息

起始断面	终止断面	距离/km	衰减系数/d⁻¹		流速/(m/s)		
			COD	氨氮	3月	6月	9月
汉阳屯	白山水库	100	0.08	0.35	0.32	0.64	0.32
松花江	松原上	121	0.15	0.35	0.37	0.72	0.42
库莫屯	富拉尔基	200	0.04	0.30	0.031	0.59	0.23
富拉尔基	江桥	90	0.05	0.35	0.095	0.72	0.56
扶余	下岱吉	126	0.15	0.35	0.34	0.57	0.56
下岱吉	哈尔滨下	124	0.07	0.25	0.40	0.44	0.56

（1）COD/氨氮断面负荷模拟结果　采用流域水质水量耦合模拟模型，对大尺度流域中进入河道的污染物入河量进行模拟，同时采用断面负荷进行验证，为突发水污染事件提供负荷边界条件和参数选择。由于面源入河过程的随机性和不确定性，以及点源排放过程的季节性和年际差异性，断面负荷模拟结果存在误差，但是作为指导宏观区域的污染物过程模拟具有较好的精度。具体模拟结果见图 5-15。

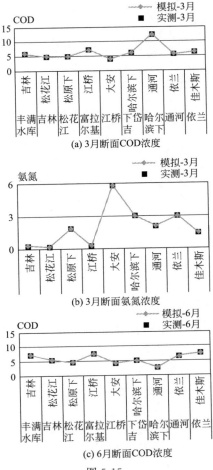

(a) 3月断面COD浓度

(b) 3月断面氨氮浓度

(c) 6月断面COD浓度

图 5-15

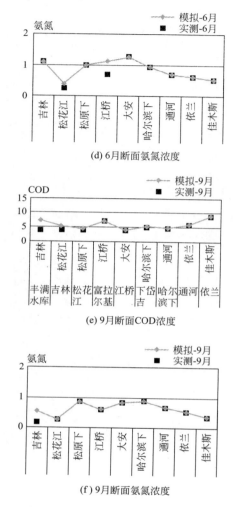

(d) 6月断面氨氮浓度

(e) 9月断面COD浓度

(f) 9月断面氨氮浓度

图 5-15　松花江流域主要断面浓度模拟与实测结果对比

（2）COD/氨氮断面浓度　以水文模型模拟的河道单元流量为边界条件，利用河道一维水质模型，模拟主要断面浓度。以 2006 年 3 月、6 月、9 月（分别代表枯水期、丰水期、平水期）为例，对丰满水库坝下、吉林、松花江、富拉尔基、江桥、下岱吉及哈尔滨下（及哈尔滨水泥厂）、通河、依兰等断面进行模拟。

4. 硝基苯断面浓度验证

以 2005 年松花江水污染突发事件为例，根据《国家环保总局松花江污染情况通报》数据，将 2005 年 11 月 24 日 18：00 在苏家屯断面开始监测到浓度的数据作为模型初始浓度设定，以朱顺屯、巴彦港、木兰摆渡、通河、达连河、佳木斯、桦川、东河、富锦、同江、东港、八岔、抚远等 13 个站点的监测浓度为校核数据。具体信息见表 5-16，模拟结果见图 5-16。

表 5-16　硝基苯模拟断面基本信息

断面	距初始断面 /km	衰减系数 /d⁻¹	流速 /(m/s)	向下游断面 传播时间/h	备　注
苏家屯	0	—	—		哈尔滨上游 16km
朱顺屯	20.4	0.08	0.5	11.3	哈尔滨下游 4.4km
巴彦港	142.8	0.03	0.45	88.1	苏家屯下游约 142.8km,距同江 568.8km 的巴彦港镇
木兰摆渡	200.7	0.03	0.37	150.7	巴彦港镇断面下游 57.9km,距同江 510.9km 的木兰摆渡河断面
通河	256.3	0.08	0.43	165.6	黑龙江和松花江交汇处同江 455.3km 的通河
达连河	311.1	0.09	0.41	210.8	距同江 400.5km 的达连河断面
佳木斯	413.6	0.06	0.35	328.3	距同江 298km 的佳木斯上断面
桦川	508.8	0.05	0.345	409.7	佳木斯下游 41.2km,距同江上游 202.8km
东河	581.6	0.05	0.37	436.6	距同江上游 130km 的东河断面
富锦	646.6	0.05	0.38	472.7	距同江上游 65km 的富锦断面
同江	711.6	0.05	0.375	527.1	
东港	748.6	0.05	0.365	569.7	三江口下游 37km 的同江东港断面,抚远上游 152km 的黑龙江东港断面
八岔	851.6	0.06	0.388	609.7	抚远上游 49km 的黑龙江八岔断面
抚远	900.6	0.06	0.365	685.4	—

二、调控机制

根据突发水污染事件发生时水流的传播特征（丰水期、平水期或枯水期等），按照事件影响对象进行分情景调控，配合事件地点、峰值浓度、滞留时间及污染带范围，模拟污染发生过程，以事件影响程度最低为目标导向，进行流量变化对水质调控规律研究，实现多级防控措施下的最优化调控机制。

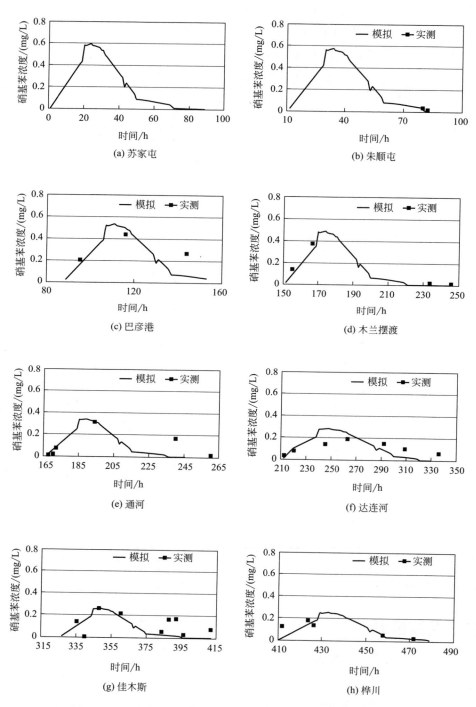

图 5-16　松花江流域主要断面硝基苯浓度模拟与实测结果对比

（一）调控目标：削减程度最高

（1）将削减后断面浓度与初始浓度的比值定义为污染物削减剩余率（简称剩余率）。在纳污能力较大河段，剩余率随流量增大而减小，到达某一流量 Q_x 后剩余率几乎不发生变化（见图 5-17）。

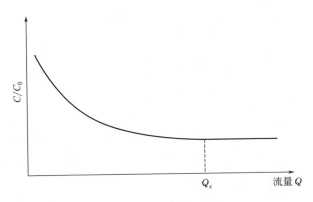

图 5-17　削减剩余率与流量呈指数关系示意图

按照上述流量变化对水质调控规律发现，河道流量控制在设计流量 Q_L 与 Q_x 之间，可实现控制河段削减程度较高。

（2）在纳污能力较小河段，剩余率随流量增大变化率较小，几乎不能通过改变流量减小削减剩余率。在河道蓄水能力一定的情况下，流量变化对水质调控影响较小（见图 5-18）。因此，采用引（排）等措施，将污染物通过引出或排出的方式将污染物收集到蓄滞洪区等区域，便于集中处理污染物。

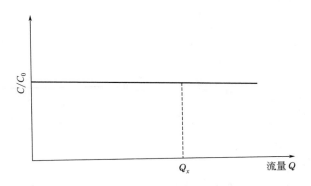

图 5-18　削减剩余率与流量呈恒定线性关系示意图

（二）调控目标：过境时间最短

当削减剩余率低于功能区水质目标的上限值 $f_{\max}$ 时，通过河道流量调节，改变污染物的过境时间,使污染物过境对水功能区的影响时间最短,即 $\Delta T_1 <$ ΔT_2 (图 5-19)。

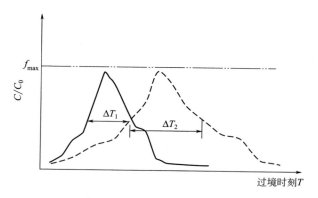

图 5-19 削减剩余率与过境时间关系示意图

(三) 调控目标: 过境峰值最低

当污染发生地距离敏感区沿程较短,可通过河道流量调节,削减过境峰值,尽量降低污染物对水功能区的影响程度,即 $\max\Delta C_1 < \max\Delta C_2$ (图 5-20)。

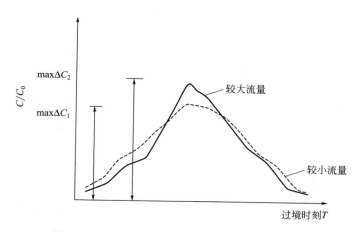

图 5-20 削减剩余率峰值与过境时间关系示意图

(四) 调控规律

以 2005 年松花江水污染事件为例,通过对水质水量调控计算结果的分析,可以得出以下规律。

(1) 污染团的传播时间随着流量的增加而减少 当事发地点流量增大时,污染团到达下游断面的时间会减小,也就使应急的处理时间随之缩短;同理,加大上游水库的下泄流量时，也可以加速污染团的移动速度。

　　如图 5-21 所示，当事发地点流量越大时污染团到达同江断面所需的时间越短；流量为 718m³/s 比流量为 216m³/s 时到达同江断面所需时间减少 540h，缩短将近一半的时间。

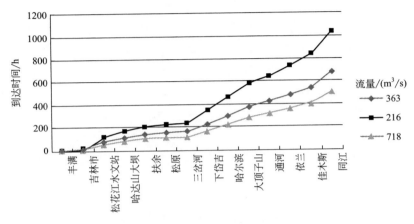

图 5-21　污染团的移动时间随流量变化规律

　　(2) 污染团的峰值浓度随着流量的增大而减小　从不同情景水质模拟计算的结果还可以得出，污染团到达下游断面时的峰值浓度会随着流量的增大而减小。由图 5-22 可以得出，在哈尔滨断面，事发地流量为 718m³/s 时污染团的峰值浓度仅为流量为 216m³/s 时污染团峰值浓度的 30%。

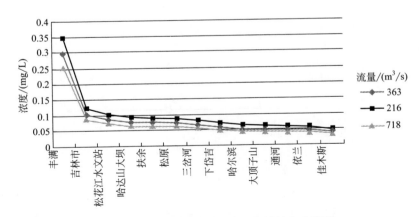

图 5-22　污染团的峰值浓度随流量的变化规律

　　(3) 污染团的影响时间随着流量的增大而减小　当事发地点水流较大时，对下游的影响时间也会比小流量时缩短。例如在哈尔滨断面，当事发地流量为

$718\text{m}^3/\text{s}$ 时，比流量为 $216\text{m}^3/\text{s}$ 时的影响时间减少了 68h。各个断面不同流量下的影响时间如图 5-23 所示。

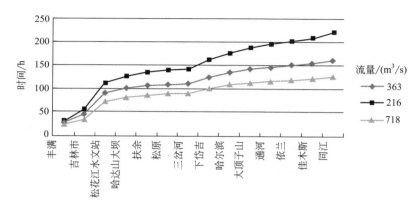

图 5-23　各个断面不同流量下的影响时间

（4）随着距离的增加污染团对下游的影响时间增加、浓度峰值减小　由图 5-22 和图 5-23 也可以得出，在同一水文条件下，污染团随着运移距离的增加，对下游断面的影响时间会增长，但峰值浓度会降低。

（五）重点地区调控分析

针对上述三种调控目标，选取吉林、长春、松原、齐齐哈尔、哈尔滨等松花江干流及饮马河干流重要城市，根据事故发生地与上游调蓄工程距离及下泄流速，事故发生地与下游调蓄工程或重要水文断面距离及河道断面流速，分别预估不同时期（丰水期、平水期、枯水期）调蓄工程对突发污染事件的水量调节作用。详见表 5-17～表 5-19。

（1）吉林市　丰满水库位于吉林市上游 24km 处，具有较强调蓄能力。丰水期按照正常下泄流量 $240\text{m}^3/\text{s}$ 对应的流速 3 倍计算，丰满水库自接到指令后放水大约 2.5h 到达吉林断面，以吉林市河道断面流速 0.94m/s 计算，可在下游约 12.0km 处追赶到污染团；平水期按照正常下泄流量 $240\text{m}^3/\text{s}$ 对应的流速 2 倍计算，丰满水库自接到指令后放水大约 3.7h 到达吉林断面，以吉林市河道断面流速 0.64m/s 计算，可在下游约 8.5km 处追赶到污染团；枯水期按照正常下泄流量 $240\text{m}^3/\text{s}$ 对应的流速计算，丰满水库自接到指令后放水大约 7.4h 到达吉林断面，以吉林市枯水期河道断面流速 0.32m/s 计算，可在下游约 4.2km 处追赶到污染团。

表5-17 丰水期调蓄工程对突发污染事故调节作用的水力学参数

污染事故发生地	调蓄工程	下泄水量至事故发生地距离/km	下泄流速/(m/s)	到达事故发生地时间/h	上下控制断面	主要控制断面间距离/km	事故发生地河道断面流速/(m/s)	到达下控制断面时间/h	追赶污染团距离/km
吉林	丰满水库	24	2.7（按正常下泄流量240m³/s对应流速3倍计算）	2.5	丰满水库～哈达山水库	280	0.94	21.4	12.0
长春	新立城水库	20	6（按供水量的28×10⁴m³/d对应流速的2倍计算）	0.9	新立城水库～哈达山水库	293	0.65	12.2	1.6
长春	星星哨水库	70	2.0（按最大泄流量526m³/s计算）	9.7	星星哨水库～德惠水文站	121	0.65	12.7	21.9
长春	石头口门水库	28	1.2	6.5	石头口门水库～德惠水文站	67	0.65	10.1	21.5
松原	哈达山水库	20	2.3（按多年平均流量508.8m³/s对应流速的1.5倍计算）	2.4	哈达山水库～下岱吉水文站	146	0.72	13.4	6.6
齐齐哈尔	尼尔基水库	180	2.7（按下泄流量5500m³/s计算）	18.5	尼尔基水库～江桥水文站	271	0.49	23.6	19.6
哈尔滨	哈达山水库	250	2.4（按多年平均流量508.8m³/s对应流速的1.2倍计算）	28.9	下岱吉水文站～哈尔滨水文站	124	1.5	8.8	625.0

表5-18　平水期调蓄工程对突发污染事故调节作用的水力学参数

污染事故发生地	调蓄工程	下泄水量至事故发生地距离/km	下泄流速/(m/s)	到达事故发生地时间/h	上下控制断面	主要控制断面之间距离/km	事故发生地河道断面流速/(m/s)	到达下控制断面时间/d	追赶污染团距离/km
吉林	丰满水库	24	1.8（按正常下泄流量240m³/s对应流速的2倍计算）	3.7	丰满水库～哈达山水库	280	0.64	31.9	8.5
	新立城水库	20	4.5（按供水量的28×10⁴m³/d对应流速的1.5倍计算）	1.2	新立城水库～哈达山水库	293	0.42	16.5	0.9
长春	星星哨水库	70	1.6（按最大泄洪量526m³/s对应流速的0.8倍计算）	12.2	星星哨水库～德惠水文站	121	0.42	16.6	10.5
	石头口门水库	28	1	7.8	石头口门水库～德惠水文站	67	0.42	13.1	8.5
松原	哈达山水库	20	1.5（按多年平均流量508.8m³/s计算）	3.7	哈达山水库～下岱吉水文站	146	0.35	21.9	2.1
齐齐哈尔	尼尔基水库	180	1.6（按下泄流量2260m³/s计算）	31.3	尼尔基水库～江桥水文站	271	0.42	37.3	26.9
哈尔滨	哈达山水库	250	2.0（按多年平均流量508.8m³/s计算）	34.7	下岱吉水文站～哈尔滨	124	0.8	12.3	133.3

表 5-19 枯水期调蓄工程对突发污染事故调节作用的水力学参数

污染事故发生地	调蓄工程	下泄水量至事故发生地距离/km	下泄流速/(m/s)	到达事故发生地时间/h	上下控制断面	主要控制断面之间距离/km	事故发生地河道断面流速/(m/s)	到达下控制断面时间/d	追赶污染团距离/km
吉林	丰满水库	24	0.9（按正常下泄流量 240m³/s 对应流速计算）	7.4	丰满水库～哈达山水库	280	0.32	63.8	4.2
长春	新立城水库	20	3.0（按供水量的 28×10⁴m³/d 对应流速计算）	1.9	新立城水库～哈达山水库	293	0.37	24.2	1.0
长春	星星哨水库	70	1.0（按最大泄洪量 526m³/s 对应流速的 0.5 倍计算）	19.4	星星哨水库～德惠水文站	121	0.37	24.5	15.2
长春	石头口门水库	28	0.8	9.7	石头口门水库～德惠水文站	67	0.37	15.9	8.9
松原	哈达山水库	20	1.2（按多年平均流量 508.8m³/s 对应流速的 0.8 计算）	4.6	哈达山水库～下岱吉水文站	146	0.24	28.2	1.2
齐齐哈尔	尼尔基水库	180	0.7（按下泄流量 604m³/s 计算）	71.4	尼尔基水库～江桥水文站	271	0.1	94.1	3.0
哈尔滨	哈达山水库	250	1.6（按多年平均流量 508.8m³/s 对应流速的 0.8 倍计算）	43.4	下岱吉水文站～哈尔滨水文站	124	0.5	16.4	56.8

上述距离尚未触及其他敏感区域；若水污染事故发生在吉林市范围内，需采取冲（泄）等措施，可将丰满水库作为应对吉林市突发水污染事件的主要调蓄工程。

（2）长春市　长春市辖区位于饮马河流域，饮马河、伊通河穿城而过，具备调蓄能力的水利工程包括新立城水库、星星哨水库和石头口门水库。

① 新立城水库　新立城水库位于长春市伊通河上游 20km 处，丰水期按照供水量 $28×10^4 m^3/d$ 对应的流速两倍计算，新立城水库自接到指令后放水大约 0.9h 到达长春断面，以长春市丰水期河道断面流速 0.65m/s 计算，可在下游约 1.6km 处追赶到污染团；平水期供水量 $28×10^4 m^3/d$ 对应的流速 1.5 倍计算，新立城水库自接到指令后放水大约 1.2h 到达长春断面，以长春市河道断面流速 0.64m/s 计算，可在下游约 0.9km 处追赶到污染团；枯水期供水量 $28×10^4 m^3/d$ 对应的流速计算，新立城水库自接到指令后放水大约 1.9h 到达长春断面，以长春市河道断面流速 0.37m/s 计算，可在下游约 1.0km 处追赶到污染团。

上述追赶污染团距离尚未触及其他敏感区域，若水污染事故发生在长春市伊通河范围内，需采取冲（泄）等措施，可将新立城水库作为应对长春市突发水污染事件的主要调蓄工程之一。

② 星星哨水库　星星哨水库位于长春市饮马河上游 70km 处，丰水期按照最大泄洪量 526m³/s 对应的流速计算，星星哨水库自接到指令后放水大约 9.7h 到达长春断面，以长春市河道断面流速 0.65m/s 计算，可在下游约 21.9km 处追赶到污染团；平水期按照最大泄洪量 526m³/s 对应流速的 0.8 倍计算，星星哨水库自接到指令后放水大约 12.2h 到达长春断面，以长春市河道断面流速 0.42m/s 计算，可在下游约 10.5km 处追赶到污染团；枯水期按照最大泄洪量 526m³/s 对应流速的 0.5 倍计算，星星哨水库自接到指令后放水大约 19.4h 到达长春断面，以长春市河道断面流速 0.37m/s 计算，可在下游约 15.2km 处追赶到污染团。

上述追赶污染团距离尚未触及其他敏感区域，若水污染事故发生在长春市饮马河范围内，需采取冲（泄）等措施，可将星星哨水库作为应对长春市突发水污染事件的主要调蓄工程之一。

③ 石头口门水库　石头口门水库位于长春市饮马河上游 28km 处，丰水期按照 1.2m/s 流速计算，石头口门水库自接到指令后放水大约 6.5h 到达长春断面，以长春市河道断面流速 0.65m/s 计算，可在下游约 21.5km 处追赶到污染团；平水期按照 1.0m/s 流速计算，石头口门水库自接到指令后放水大约 7.8h 到达长春断面，以长春市河道断面流速 0.42m/s 计算，可在下游约 8.5km 处追赶到污染团；枯水期按照 0.8m/s 流速计算，石头口门水库自接到指令后放水大约 9.7h 到达长春断面，以长春市河道断面流速 0.37m/s 计算，可在下游约 8.9km 处追赶到污染团。

上述追赶污染团距离尚未触及其他敏感区域，若水污染事故发生在长春市饮马河范围内，需采取冲（泄）等措施，可将石头口门水库作为应对长春市突发水污染事件的主要调蓄工程之一。

（3）松原市　哈达山水利枢纽位于松原市上游约 20km 处，丰水期按照多年平均流量 508.8m³/s 对应流速的 1.5 倍计算，哈达山水利枢纽自接到指令后放水大约 2.4h 到达松原断面，以松原市河道断面流速 0.72m/s 计算，可在下游约 6.6km 处追赶到污染团；平水期按照多年平均流量 508.8m³/s 对应流速计算，哈达山水利枢纽自接到指令后放水大约 3.7h 到达松原断面，以松原市河道断面流速 0.35m/s 计算，可在下游约 2.1km 处追赶到污染团；枯水期按照多年平均流量 508.8m³/s 对应流速的 0.8 倍计算，哈达山水利枢纽自接到指令后放水大约 4.6h 到达松原断面，以松原市河道断面流速 0.24m/s 计算，可在下游约 1.2km 处追赶到污染团。

上述追赶污染团距离尚未触及其他敏感区域；若水污染事故发生在松原市饮马河范围内，需采取冲（泄）等措施，可将哈达山水利枢纽作为应对松原市突发水污染事件的主要调蓄工程之一。

（4）齐齐哈尔市　尼尔基水库位于齐齐哈尔市上游 180km 处，丰水期按照下泄流量 5500m³/s 计算，尼尔基水库自接到指令后放水大约 18.5h 到达齐齐哈尔断面，以齐齐哈尔市丰水期河道断面流速 0.49m/s 计算，可在下游约 19.6km 处追赶到污染团；平水期按照下泄流量 2260m³/s 计算，尼尔基水库自接到指令后放水大约 31.3h 到达齐齐哈尔断面，以齐齐哈尔市丰水期河道断面流速 0.42m/s 计算，可在下游约 26.9km 处追赶到污染团；枯水期按照下泄流量 604m³/s 计算，尼尔基水库自接到指令后放水大约 71.4h 到达齐齐哈尔断面，以齐齐哈尔市丰水期河道断面流速 0.1m/s 计算，可在下游约 3.0km 处追赶到污染团。

上述追赶污染团距离尚未触及其他敏感区域，考虑到冰封期河道封冻，冬季发生污染事故不宜采用冲（泄）等措施；其他时期可将尼尔基水库作为应对齐齐哈尔市突发水污染事件的主要调蓄工程之一。

（5）哈尔滨市　松花江干流（三岔口至哈尔滨段）无控制性水利工程，可考虑位于第二松花江干流上的哈达山水利枢纽作为哈尔滨市突发水污染事件的调蓄工程。根据资料显示，哈达山水利枢纽距哈尔滨市沿河直线距离约为 250km，丰水期按照按多年平均流量 508.8m³/s 对应流速的 1.2 倍计算，哈达山水利枢纽自接到指令后放水大约 28.9h 到达哈尔滨市断面，以哈尔滨市丰水期河道断面流速 1.5m/s 计算，可在下游约 625.0km 处追赶到污染团；平水期按照按多年平均流量 508.8m³/s 对应流速计算，哈达山水利枢纽自接到指令后放水大约 34.7h 到达哈尔滨市断面，以哈尔滨市平水期河道断面流速 0.8m/s 计算，可在下游约 133.3km 处追赶到污染团；枯水期按照按多年平均流量 508.8m³/s 对应流速的 0.8 倍计算，哈达山水利枢纽自接到指令后放水大约 43.4h 到达哈尔滨市断面，以哈尔滨市丰水期河道断面流速 0.5m/s 计算，可在下游约 56.8km 处追赶到污染团。

综上所述，丰水期利用哈达山水利枢纽进行哈尔滨市突发水污染事件的调蓄工程显然是不合适的；其他时期可结合拦（蓄）工程将哈达山水库作为应对哈尔滨市突发水污染事件的主要调蓄工程。

第四节　典型水污染突发事件应急调度方案

一、典型事件概况

2005 年 11 月 13 日下午，位于吉林省境内第二松花江段的中国石油天然气股份有限公司吉林石油化工公司双苯厂发生爆炸事故，导致大量含有苯和硝基苯的污水绕过了专用的污水处理通道，通过吉林石化分公司的东 10 号线排污口直接进入了松花江，产生的污染带达 80km，污染带顺松花江干流向下迁移，致使松花江下游沿岸的哈尔滨、佳木斯，以及松花江注入黑龙江后俄罗斯的哈巴罗夫斯克市等面临水危机。由于事故发生在冬季，河流均已进入冰冻期，流量较小；在对研究区域概化时只考虑干流，对支流汇入导致干流水量的增加可以考虑增加干流河段的河流流速进行简化处理。

二、方案设置

　　根据各种调控措施以及水库调度方式的组合，对 2005 年松花江水污染事件设置了 19 种调度方案，包括事件的还原再现、丰满加大泄流、丰满减小泄流以及水库联合调度等措施及其组合。具体设置情况见表 5-20。

表 5-20　2005 年松花江水污染事件应急调度方案设置　　单位：m³/s

方案	总体策略	说明	水库调度方案						削减污染物		
			丰满		哈达山	尼尔基	大顶子山		松江大桥	吉江高速公路桥	102国道桥
			下泄流量	时间			下泄流量	时间			
方案 1	事件再现	对 05 污染事件进行模拟	1000	16 日，24～30 日	未建	正常调度	约 800	12 月 6 日～11 日	无	无	无
方案 2	未做处置	没有加大泄流	正常调度	全时段	未建	正常调度	正常调度		无	无	无
方案 3		丰满水库加大 1 日泄流	1000	13 日	未建	正常调度	正常调度		无	无	无
方案 4		丰满水库加大 3 日泄流	1000	13～15 日	未建	正常调度	正常调度		无	无	无
方案 5	加大泄流	丰满水库加大 1 日泄流	1500	13 日	未建	正常调度	正常调度		无	无	无
方案 6		丰满水库加大 1 日泄流	2000	13 日	未建	正常调度	正常调度		无	无	无
方案 7		丰满水库加大 1 日泄流	2500	13 日	未建	正常调度	正常调度		无	无	无
方案 8		丰满水库加大 1 日泄流	3000	13 日	未建	正常调度	正常调度		无	无	无

续表

方案	总体策略	说明	水库调度方案						削减污染物		
			丰满		哈达山	尼尔基	大顶子山		松江大桥	吉江高速公路桥	102国道桥
			下泄流量	时间			下泄流量	时间			
方案9	减小泄流	仅减小泄流	300	一日	未建	正常调度	正常调度		无	无	无
方案10			300	三日	未建	正常调度	正常调度		无	无	无
方案11			200	一日	未建	正常调度	正常调度		无	无	无
方案12			100	一日	未建	正常调度	正常调度		无	无	无
方案13			0	一日	未建	正常调度	正常调度		无	无	无
方案14		配合削减污染物总量	100	一日	未建	正常调度	正常调度		10%	10%	无
方案15			100	一日	未建	正常调度	正常调度		20%	20%	无
方案16			0	一日	未建	正常调度	正常调度		10%	10%	无
方案17			0	一日	未建	正常调度	正常调度		20%	20%	无
方案18	联合调度	丰满调度＋污染物削减	0 1000	13～15日 15～17日	未建	正常调度	正常调度				
方案19		丰满哈达山联调＋污染物削减	0 1000	13～15日 15～17日	17日12时至19日12时停止下泄并削减污染物60%，此后以1000m³/s流量下泄	正常调度	正常调度				

三、调度结果

（一）方案1（事件再现）

污染事件发生于 2005 年 11 月 13 日 15 时，丰满水库约于 15 日开始加大放流，于 16 日 8：00 前达到约 1000m³/s，此后恢复正常，在 11 月 24 日至 30 日再次加大泄流至 1000m³/s 左右。哈达山水库未建成没有参与调度，尼尔基水库正常运行。其主要断面实测流量过程见图 5-24 与图 5-25。

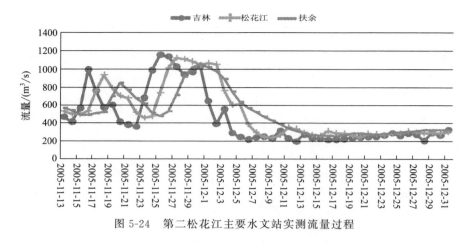

图 5-24　第二松花江主要水文站实测流量过程

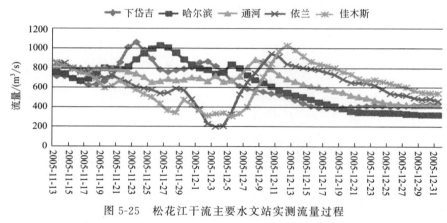

图 5-25　松花江干流主要水文站实测流量过程

空间上，从事发地点二松上吉林断面开始，到松干出口同江断面为止，共取591个特征断面进行模拟，对污染物的浓度进行追踪。

时间上，从事发开始计时，以2h为时间步长，对污染物浓度的时间变化进行了追踪，共计模拟计算900h。

为了表征硝基苯在河流中危害程度以及传播过程，现选取吉林、松花江、扶余、下岱吉、哈尔滨、通河、依兰、同江八个控制断面进行分析，各控制断面距事发点距离如表5-21所示；其有毒物质硝基苯浓度历时过程线如图5-26所示。

表 5-21　特征断面距离事发点距离

断面名称	距离事发点距离/km	断面名称	距离事发点距离/km
吉林	0	哈尔滨	508
松花江	138	通河	734
扶余	260	依兰	836
下岱吉	388	同江	1180

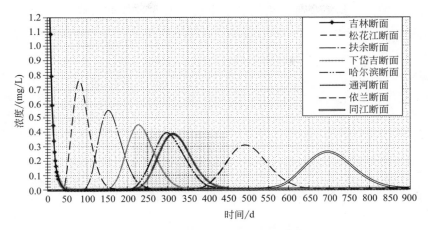

图 5-26　硝基苯浓度时间过程曲线

由图 5-26 可以看出，硝基苯浓度在每个特征断面呈现波状起伏，即存在一个由低变高再由高变低的过程，并且硝基苯"浓度波"随着时间的迁移，逐渐从上游传播到下游。在传播过程中，特征污染物硝基苯存在着弥散、转化等物理化学过程，其浓度峰值逐渐降低，但其影响时间变久，故波形呈现为逐渐"变矮"和"变胖"。

针对国家对硝基苯浓度的限值（标准浓度为 0.017mg/L），根据模拟计算结果，对八个特征断面的硝基苯超标开始时刻、峰值时刻和浓度以及超标持续时间进行统计，结果如表 5-22 所示。

表 5-22　特征断面硝基苯浓度影响时间

断面编号	断面名	开始超标时刻/h	峰值		结束超标时刻/h	超标持续时间/h
			时刻/h	浓度/(mg/L)		
1	吉林	0	0(10s)	129.67	42	42
2	松花江	42	80	0.7642	154	112
3	扶余	96	152	0.5535	242	146
4	下岱吉	156	226	0.4525	330	174
5	哈尔滨	216	298	0.3954	410	194
6	通河	230	314	0.3855	428	198
7	依兰	386	492	0.3079	626	240
8	同江	570	694	0.2591	846	276

注：吉林断面为初始断面，其浓度初值为无限大，表中所列浓度为事发 10s 后浓度。

从表 5-22 中可以看出，从上游到下游，"硝基苯浓度波"依次影响所到断面的硝基苯浓度，但其浓度峰值沿程逐渐下降，其中，到哈尔滨为 0.3954mg/L，到同江断面为 0.2591mg/L；其超标持续时间逐渐加大，从吉林断面的 42h 增大到同江断面的 276h，说明此次水污染事件对下游影响时间是对上游的影响时间的 7 倍左右。

将模型的运行结果与真实情况进行了对比分析，结果如图 5-27～图 5-30 所示。

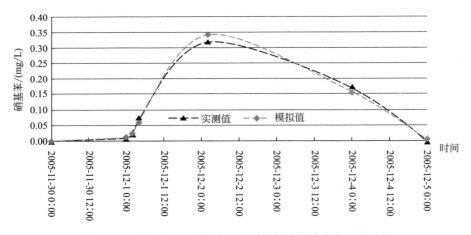

图 5-27　通河断面硝基苯浓度实测值与模拟值变化过程比较

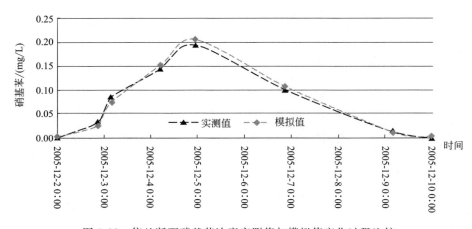

图 5-28　依兰断面硝基苯浓度实测值与模拟值变化过程比较

由于苯泄漏后经河流水体稀释，浓度绝对值不大，计算绝对误差都在 10^{-2}mg/L 范围以内，相对误差一般都在 5%～25% 之间。从而较好地再现了松花江干流苯污染物质的输移过程。

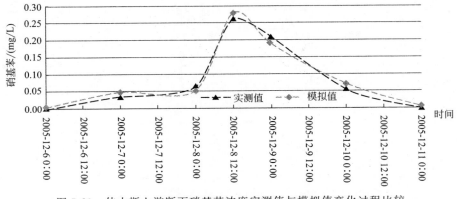

图 5-29　佳木斯上游断面硝基苯浓度实测值与模拟值变化过程比较

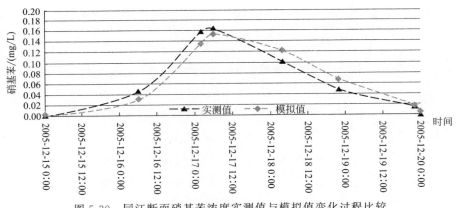

图 5-30　同江断面硝基苯浓度实测值与模拟值变化过程比较

（二）方案 2（未作处置）

2005 年松花江水污染事件发生后，丰满水库采取了加大泄流的调度方式，使得污染团迅速前进，从某种程度上缩短了对松花江沿岸生活、生产的影响时间。但是这种调度方式的好坏一直存在争议。假定未加大放流情况下，对污染团运移规律进行模拟，特征断面处硝基苯浓度影响时间如表 5-23 和图 5-31 所示。

表 5-23　未作处置时特征断面硝基苯浓度影响时间

断面编号	断面名	开始超标时刻/h	峰值		结束超标时刻/h	超标持续时间/h
			时刻/h	浓度/(mg/L)		
1	吉林	0	0(10s)	124.35	40	40
2	松花江	40	76	0.7471	150	110
3	扶余	90	144	0.542	234	144
4	下岱吉	150	218	0.4433	318	168

续表

断面编号	断面名	开始超标时刻/h	峰值		结束超标时刻/h	超标持续时间/h
			时刻/h	浓度/(mg/L)		
5	哈尔滨	256	346	0.4253	466	210
6	通河	392	500	0.3537	638	246
7	依兰	456	570	0.3314	714	258
8	同江	670	806	0.2788	968	298

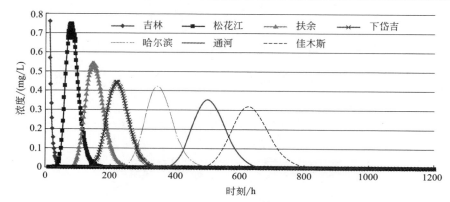

图 5-31　方案二主要断面硝基苯浓度计算结果

由表 5-23 可以看出，相对于真实情况，假如当时丰满水库没有加大泄流，则各个断面开始超标时刻会后延 0～56h，超标持续时间将延长 2～14h，污染物浓度峰值总体较高。因此，2005 年松花江水污染事件应急处置对于减小各个断面影响时间和污染物浓度是有效果的。

（三）加大下泄量

（1）方案 3　该方案是假定污染事件发生后，丰满水库增加下泄流量，即以 1000m³/s 下泄 1d，其他条件不变，其调度结果见表 5-24。

表 5-24　方案 3 调度结果

断面编号	断面名	开始超标时刻/h	峰值		结束超标时刻/h	超标持续时间/h
			时刻/h	浓度/(mg/L)		
1	吉林	0	0(10s)	112.76	38	38
2	松花江	34	68	0.7119	138	104
3	扶余	80	132	0.5164	216	136
4	下岱吉	134	196	0.4221	292	158
5	哈尔滨	234	318	0.4081	434	200
6	通河	358	460	0.3397	592	234
7	依兰	416	526	0.3183	664	248
8	同江	614	742	0.2678	898	284

由表 5-24 可以看出，相对于方案 2，加大泄流后污染物开始超标时刻明显提前，持续时间有所减少，污染物浓度降低，说明加大泄流能有效地增加污染团的移动速度和减少持续时间。

（2）方案 4 该方案是在污染事件发生后，丰满水库增大下泄流量，即以 $1000\text{m}^3/\text{s}$ 下泄 3d。目的是验证下泄时间对污染物的运移规律的影响，其调度结果见表 5-25。

表 5-25 方案 4 调度结果

断面编号	断面名	开始超标时刻/h	峰值		结束超标时刻/h	超标持续时间/h
			时刻/h	浓度/(mg/L)		
1	吉林	0	0(10s)	106.36	38	38
2	松花江	32	64	0.6917	132	100
3	扶余	76	124	0.5018	206	130
4	下岱吉	124	186	0.4101	278	154
5	哈尔滨	222	302	0.3986	416	194
6	通河	340	438	0.3314	566	226
7	依兰	394	500	0.3105	634	240
8	同江	582	706	0.2613	858	276

由表 5-25 可以看出，下泄时间由 1d 延长至 3d，从污染物的峰值浓度、到达时间和持续时间上都有减小或缩短的效果，说明水利工程的持续时间越长越有利。这与污染团通过一个断面所需要的时间有关，但是也并非下泄时间越长越好，主要取决于污染物的性质以及水库的社会和经济效益等综合因素。总体看来，水库的调度持续时间一般不超过 10d（240h）。

（3）方案 5 与方案 6 方案 5 和方案 6 是将丰满水库下泄流量由 $1000\text{m}^3/\text{s}$ 分别提高到 $1500\text{m}^3/\text{s}$ 和 $2000\text{m}^3/\text{s}$，仍为下泄 1d；目的是得到流量对污染物运移规律的影响，其调度结果见表 5-26、表 5-27。

表 5-26 方案 5 调度结果

断面编号	断面名	开始超标时刻/h	峰值		结束超标时刻/h	超标持续时间/h
			时刻/h	浓度/(mg/L)		
1	吉林	0	0(10s)	110.46	38	38
2	松花江	34	68	0.7039	136	102
3	扶余	78	128	0.5113	212	134
4	下岱吉	130	192	0.4178	288	158
5	哈尔滨	230	314	0.4049	428	198
6	通河	352	452	0.3367	584	232
7	依兰	408	516	0.3155	652	244
8	同江	602	730	0.2655	884	282

表 5-27 方案 6 调度结果

断面编号	断面名	开始超标时刻/h	峰值		结束超标时刻/h	超标持续时间/h
			时刻/h	浓度/(mg/L)		
1	吉林	0	0(10s)	108.33	38	38
2	松花江	34	66	0.6981	134	100
3	扶余	76	126	0.5065	208	132
4	下岱吉	128	190	0.4138	282	154
5	哈尔滨	224	308	0.4018	422	198
6	通河	346	444	0.3339	574	228
7	依兰	402	508	0.313	644	242
8	同江	592	718	0.2633	870	278

（四）减小下泄量（方案7~方案9）

减小下泄量的目的是为配合下游的拦蓄和综合处理，尽量减小污染物的扩散和影响。本次调度包括丰满水库下泄流量为 300m³/s、100m³/s 和 0m³/s 三种方案，其调度结果分别如表 5-28~表 5-30 所示。

表 5-28 方案 7 调度结果

断面编号	断面名	开始超标时刻/h	峰值		结束超标时刻/h	超标持续时间/h
			时刻/h	浓度/(mg/L)		
1	吉林	0	0(10s)	125.42	40	40
2	松花江	40	76	0.7502	150	110
3	扶余	92	146	0.5447	234	142
4	下岱吉	150	218	0.4449	320	170
5	哈尔滨	258	348	0.4269	470	212
6	通河	396	504	0.3549	642	246
7	依兰	458	582	0.3287	718	260
8	同江	676	810	0.2798	974	298

表 5-29 方案 8 调度结果

断面编号	断面名	开始超标时刻/h	峰值		结束超标时刻/h	超标持续时间/h
			时刻/h	浓度/(mg/L)		
1	吉林	0	0(10s)	126.41	40	40
2	松花江	40	78	0.7524	150	110
3	扶余	92	148	0.5466	236	144
4	下岱吉	152	220	0.4468	322	170

续表

断面编号	断面名	开始超标时刻/h	峰值		结束超标时刻/h	超标持续时间/h
			时刻/h	浓度/(mg/L)		
5	哈尔滨	260	350	0.4282	472	212
6	通河	398	508	0.3559	646	248
7	依兰	462	578	0.3336	722	260
8	同江	680	816	0.2807	980	300

表 5-30 方案 9 调度结果

断面编号	断面名	开始超标时刻/h	峰值		结束超标时刻/h	超标持续时间/h
			时刻/h	浓度/(mg/L)		
1	吉林	0	0(10s)	128.49	42	42
2	松花江	42	78	0.7592	152	110
3	扶余	94	150	0.5512	240	146
4	下岔吉	156	224	0.4505	326	170
5	哈尔滨	264	356	0.4308	478	214
6	通河	404	514	0.3584	654	250
7	依兰	468	584	0.3357	732	264
8	同江	690	826	0.2825	992	302

由表 5-28～表 5-30 可以看出,减小丰满水库下泄流量对于污染团到达时间、持续时间和峰值浓度影响都不大,这是因为减小下泄流量,对于污染团没有显著影响。如果减小下泄流量再配合设置拦污栅等进行层层拦截以削减污染物浓度,那么效果会非常明显。

(五) 综合调度方案

(1) 方案 10 该方案是先停止丰满水库泄流两日,在吉林市布设三道防线拦截和削减处理。假定松江大桥、吉江高速公路桥和 102 国道桥三道防线拦截和削减污染物分别为 10%、10% 和 20%,然后再加大丰满水库下泄流量冲刷和稀释。调度结果如表 5-31 所示。

表 5-31 方案 10 调度结果

断面编号	断面名	开始超标时刻/h	峰值		结束超标时刻/h	超标持续时间/h
			时刻/h	浓度/(mg/L)		
1	吉林	0	0(10s)	124.46	40	40
2	松花江	40	76	0.5382	144	104
3	扶余	92	144	0.3904	228	136

续表

断面编号	断面名	开始超标时刻/h	峰值		结束超标时刻/h	超标持续时间/h
			时刻/h	浓度/(mg/L)		
4	下岱吉	190	264	0.3507	368	178
5	哈尔滨	260	346	0.3064	460	200
6	通河	398	500	0.2547	630	232
7	依兰	462	570	0.2387	706	244
8	同江	678	806	0.2008	958	280

由表 5-31 可以看出，当采取一系列综合措施后，污染物浓度和持续时间都有明显减小，说明综合调控效果显著。

（2）方案 11　该方案是假定哈达山水库已经建成，丰满和哈达山水库联合调度，其调度结果如表 5-32 所示。

表 5-32　方案 11 调度结果

断面编号	断面名	开始超标时刻/h	峰值		结束超标时刻/h	超标持续时间/h
			时刻/h	浓度/(mg/L)		
1	吉林	0	0(10s)	109.48	42	42
2	松花江	38	76	0.6579	152	114
3	扶余	90	144	0.4773	236	146
4	下岱吉	152	218	0.4183	314	162
5	哈尔滨	260	346	0.4013	462	202
6	通河	396	500	0.3337	632	236
7	依兰	460	574	0.3119	708	248
8	同江	676	808	0.263	962	286

四、方案分析及规律

通过以上分析和模拟得到规律如下。

（1）不同下泄流量和持续时间下的传播规律　当丰满水库下泄流量不同时，污染物运移和传播规律有很大区别，这为开展水力调控提供可能性，图 5-32 和图 5-33 是不同方案下扶余断面和哈尔滨断面处污染物浓度变化过程。

由图 5-32 和图 5-33 可以明显看出，随着下泄流量增加，污染物到达时间有不同程度减小，污染物浓度峰值也有减小趋势。此外延长下泄时间也会加速污染物传播，减小峰值浓度，甚至效果比加大下泄流量还明显，正如方案 4 比方案 3、方案 5 和方案 6 效果更好。

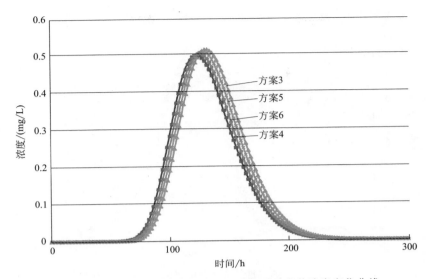

图 5-32　扶余断面不同下泄流量和时间下硝基苯浓度变化曲线

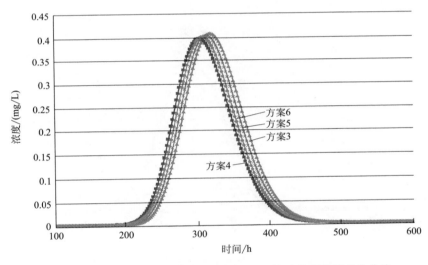

图 5-33　哈尔滨断面不同下泄流量和时间下的硝基苯浓度变化曲线

（2）减小下泄流量　当单纯的采取减小丰满水库下泄流量的方式进行调度时，基本没有效果，如图 5-34、图 5-35 所示。

（3）采取综合调控措施效果显著　综合对比各方案，加大泄流优于不采取任何措施，进行污染物的削减配合减小下泄流量效果明显。因此，本书研究结果表明，针对 2005 年松花江水污染事件的最佳处理方案是，首先停止丰满水库的下泄，并设立若干道拦截断面对污染物进行削减，加大水库泄流进行冲刷，使得剩余污染物迅速下泄并可以进一步降低浓度，提高污染物自身的削减量。

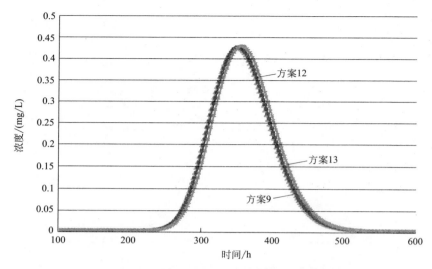

图 5-34　减小下泄流量时哈尔滨断面硝基苯浓度变化曲线

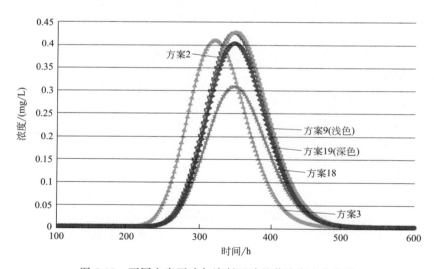

图 5-35　不同方案下哈尔滨断面硝基苯浓度变化曲线

第五节　典型情景设置与调算

一、情景设置

根据污染物类型、发生地点以及季节的不同，本书中研究选取了以下 17 个污染事件，包括生产事故、污染物泄漏、交通事故等，涵盖了油类、重金属、酸、农药等典型类型。具体情景设置见表 5-33。

表 5-33　典型事件情景设置

编号	事件名称	所在区域	所属河流	事件类型	污染物质	事件简况
1	尼尔基库区豆油污染事件	呼伦贝尔市	嫩江	交通事故	油污	一辆满载豆油的运输车在京加线(G111)上侧翻,33t豆油冲入嫩江(豆油成分为棕榈酸 6%~8%,油酸 25%~36%,硬脂酸 3%~5%,亚油酸 52%~65%,花生酸 1%~4%,亚麻酸 2.0%~3.0%)
2	齐齐哈尔氧化塘污染事件	齐齐哈尔市	嫩江	污染泄漏	氧化塘污水	氧化塘大坝被暴雨冲塌,$50×10^4$t污水流入嫩江,水厂立即停水(氧化塘污水成分为 BOD_5,COD,SS,TN,NH_3-N,TP,大肠菌群,病毒,细菌,金属;假定 $BOD_5$129mg/L,COD201.5mg/L,SS198mg/L)
3	齐齐哈尔玻璃厂污染事件	齐齐哈尔市	嫩江	突然排污	砷	玻璃厂违章排污,近 100t污水入嫩江,砷严重超标(假定废水三价砷浓度为 2.2mg/L)
4	齐齐哈尔黑色污染事件	齐齐哈尔市	嫩江	生产事故	硫酸	工业硫酸泄漏,未及时处置,有近 3t入嫩江,影响齐齐哈尔市饮水安全(假定工业硫酸浓度为 96%)
5	吉林市吉化公司污染事件	吉林市	二松	突然排污	硝基苯	小化工企业的 2000t含硝基苯污水流入第二松花江,自来水厂停水(假定硝基苯浓度为 250mg/L)
6	吉林市淞泰化工有限责任公司污染事件	吉林市	二松	交通事故	苯	发生翻船事故,31t苯泄漏到第二松花江,下游水体受到严重污染
7	吉林热电厂污染事件	吉林市	二松	突然排污	氟化物	发电厂违章排污,$3×10^4$t污水进入第二松花江,氟化物等严重超标(假定氟化物浓度为 100mg/L)
8	吉林石化分公司污染事件	吉林市	二松	生产事故	对苯醌	化工厂火灾,20t对苯醌进入第二松花江干流
9	吉林化纤有限公司污染事件	吉林市	二松	突然泄漏	重油	吉林化纤有限公司在重油卸过程中,10t重油出现泄漏,部分流入第二松花江,水厂停产数小时

续表

编号	事件名称	所在区域	所属河流	事件类型	污染物质	事件简况
10	长春轮胎厂污染事件	长春市	伊通	突然排污	轮胎厂废水	轮胎厂2000t污水直接入河，限定污水主要成COD浓度为250mg/L，SS浓度为200mg/L
11	德惠永丰纸业污染事件	长春德惠	饮马	原料泄漏	丙烯酰胺	由储料间爆炸2t丙烯酰胺流入饮马河
12	前郭石化分公司污染事件	松原市	二松	交通事故	丙烯腈	国道明沈线上，运有剧毒罐车河边泄漏，20t丙烯腈进入第二松花江
13	松原市吉林石油综合利用厂污染事件	松原市	二松	突然排污	对硝基苯胺	含对硝基苯胺化工废水2000t进入松花江支流，形成5km污染带（限定对硝基苯浓度为90mg/L）
14	哈尔滨市气化厂贮灰坝事件	哈尔滨市	松干	交通事故	五硫化二磷	一艘驳船火后沉没，83t五硫化二磷入松花江干流，水厂被迫停止供水
15	哈尔滨市苯酚污染事件	哈尔滨市	松干	交通事故	苯酚	哈尔滨松花江大桥上发生交通事故，运输车泄漏，15t的苯酚流入松花江干流，落水后一直打捞未成功，下游城市取水口增苯酚监测
16	佳木斯造纸厂污染事件	佳木斯市	松干	突然排污	造纸厂污水	造法，超标污染排放，10×10^4t污水排入松花江干流，松花江干流佳木斯段突然水质恶化。水厂污水，部分企业停产（造纸厂污水成分：木素、纤维、活性剂、漂白剂等，假定BOD浓度为127mg/L；SS浓度为593mg/L）
17	佳木斯恺乐农药公司污染事件	佳木斯市	松干	交通事故	农药	佳木斯市松花江大桥上，一辆货车失控翻倒，4t以上农药DDT倒入松花江干流（DDT成分：三氯基三氯乙烷）

二、调度方案设置

（一） 典型事件选取

　　按照污染物是否溶于水可以分为溶于水的可溶物质、不溶于水的沉积物、不溶于水的悬浮物以及不溶于水的漂浮物（如石油类）。

　　（1）不溶于水的沉积物　典型的有重金属、难分解的有毒有机物等，这类污染物在水体中主要吸附于泥沙等悬浮颗粒上，会随着水流的搬运而前进。重金属在水环境中的迁移转化，按照物质运动形式，可分为机械迁移转化、物理化学迁移转化和生物迁移转化三种类型。对于突发污染事件主要关注其机械迁移转化规律，即重金属离子以溶解态或颗粒态的形式被水流机械搬运，迁移转化过程服从水力学原理。比如，在一般情况下，河流中的汞有 $40\%\sim90\%$ 是吸附在悬浮颗粒物上的。因此，河流中汞的迁移在很大程度上取决于河流的水力学条件，取决于悬移质的迁移条件和吸附特性。由于受资料和实验数据的制约，没有对这些物质进行模拟；但是考虑到这些物质随水流搬运的特点，认为这些污染物所形成的污染团是随着水流迁移并且服从水力学原理。

　　（2）不溶于水的漂浮物　典型的有石油类、塑脂类等，这类污染物随水流的运动而移动，同样可以认为其符合水力学原理。总之，这些污染物进入水体后服从水力学原理，即污染团到达下游各个断面时间大致与水流到达时间相同，而污染物浓度和影响时间仅对溶于水的污染物做要求。

　　为此，选取齐齐哈尔、吉林、松原、哈尔滨和佳木斯五个高危地区五种代表污染物进行应急调度和模拟，以便得到各个地区污染物随着水利调控不同的传播规律。

（二） 水文年和典型年选择

　　面向水污染突发事件的应急调度属于短期调度，对时间尺度要求较高，需要研究河流主要断面和支流逐日或更高的径流资料。本书中研究收集到了 $2005\sim2007$ 年的主要水文站的实测逐日径流系列资料。按照水文频率来讲，2005 年为平水年（相当于 $P=50\%$）、2006 年为偏枯年（相当于 $P=75\%$）、2007 年为特枯年（相当于 $P=95\%$），因此本书中研究选取 2005 年作为典型年进行调度和调算。

（三） 计算分期及计算时段选择

　　典型年确定后，年内又可分为汛期和非汛期，考虑到东北河流有冰封期，以及汛期有主汛期，把一年分成五个时期分别进行调算，即冰封期（12 月～翌年3 月）、非汛期非冰封期（4～5 月以及 10～11 月）、主汛期前（6 月）、主汛期（7 月、8 月）和主汛期后（9 月）。

　　考虑到松花江干流水流传播时间较长，计算时段不易选取太细；而且水文测报基本上以天为最小单位，因此调度计算时段选为天。

（四） 调度方案的设置

根据以上典型事件、典型年和计算时段的划分，根据污染事件发生的地点以及各种调控措施，选取五个典型事件的 25 个调度方案（时期和调度方案组合），具体方案设置见表 5-34。

1. 事件一：齐齐哈尔砷污染事件

（1）事件概述　假定齐齐哈尔市北方玻璃厂发生突发事件，100t 原料沿排污口进入嫩江，砷严重超标（假定废水三价砷浓度为 2.2mg/L）。

（2）方案设置

① 方案一：枯季（2005 年 4 月 7 日 8 时），事件发生后水库正常调度，事发地点流量为 50m³/s。

② 方案二：枯季（2005 年 4 月 7 日 8 时），事件发生 2h 后，尼尔基水库加大下泄流量到 500m³/s，起止时间为 4 月 7 日 10 时～4 月 8 日 10 时。

③ 方案三：枯季（2005 年 4 月 7 日 8 时），尼尔基水库与丰满水库联合调度；尼尔基水库从 4 月 7 日 10 时至 4 月 8 日 10 时加大泄量到 500m³/s，丰满水库从 4 月 15 日 8 时（预计该时刻丰满加大下泄洪峰可以与污染团汇合于三岔河）至 4 月 18 日 8 时加大下泄流量到 1000m³/s。

④ 方案四：枯季（2005 年 4 月 7 日 8 时），尼尔基与哈达山、大顶子山联合调度；尼尔基水库从 4 月 7 日 10 时至 4 月 8 日 10 时加大泄量到 500m³/s，哈达山水库（假定已经建成）从 4 月 17 日 20 时（预计该时刻哈达山水库加大下泄洪峰可以与污染团汇合于三岔河）至 4 月 20 日 20 时加大下泄流量到 1000m³/s，污染团抵达大顶子山水库时（4 月 24 日 14 时左右）加大下泄流量（在入流流量的基础上增加 500m³/s 泄流）至 5 月 1 日 14 时截止（预计主要污染团影响时间）。

⑤ 方案五：汛期（2005 年 6 月 5 日 8 时），事件发生后水库正常调度，事发地点流量为 800m³/s。

⑥ 方案六：汛期（2005 年 6 月 5 日 8 时），尼尔基水库加大下泄流量事件发生 2h 后，尼尔基水库加大下泄流量到 2000m³/s，起止时间为 4 月 7 日 10 时～4 月 8 日 10 时。

⑦ 方案七：汛期（2005 年 6 月 5 日 8 时），事件发生后水库正常调度，启用月亮泡蓄滞洪区，启用时间为 6 月 11 日 4 时（预计污染团到达时间）至 6 月 15 日 4 时，分洪流量为 500m³/s，约占嫩江总流量 50%，大约削减 50% 污染物。

⑧ 方案八：汛期（2005 年 6 月 5 日 8 时），尼尔基正常调度、启用月亮泡，并配合丰满水库加大泄流压制嫩江水流汇入松干；月亮泡蓄滞洪区启用时间为 6 月 11 日 4 时（预计污染团到达时间）至 6 月 15 日 4 时，分洪流量为 500m³/s，丰满水库加大到下泄流量 1600m³/s，起止时间为 6 月 7 日 4 时至 6 月 12 日 4 时。

2. 事件二：吉林氟化物污染事件

（1）事件概述　假定吉林热电厂违规排污，约 3 万吨含有氟化物污水排入第二松花江，假定氟化物浓度为 100mg/L。

表 5-34　典型事件和调度方案

事件	季节	典型时间	方案	方案说明	尼尔基水库 下泄流量/(m³/s)	尼尔基 开始时间	尼尔基 结束时间	丰满水库 下泄流量/(m³/s)	丰满 开始时间	丰满 结束时间	哈达山水库 下泄流量/(m³/s)	哈达山 开始时间	哈达山 结束时间	大顶子山水库 下泄流量/(m³/s)	大顶子山 开始时间	大顶子山 结束时间	月亮泡水库 分洪流量/(m³/s)	月亮泡 开始时间	月亮泡 结束时间	事件发生地流量/(m³/s)
齐齐哈尔砷污染事件	枯季	4月7日	一	正常调度																50
			二	加大泄流	500	7日10时	8日10时													50
			三	与丰满联调	500	7日10时	8日10时	1000	15日8时	18日8时										50
			四	与哈达山、大顶子山联调	500	7日10时	8日10时				1000	17日20时	20日20时	入流+500	24日14时	5月1日14时				50
	汛期	6月5日	五	正常调度																800
			六	加大泄流	2000	7日10时	8日10时													800
			七	正常调度并启用月亮泡蓄滞洪区													500	11日4时	15日4时	800
			八	尼尔基正常调度,启用月亮泡,丰满水库加大泄流				1600	7日4时	12日4时							500	11日4时	15日4时	800
吉林氟化物污染事件	枯季	4月7日	一	正常调度																346
			二	加大泄流				1000	7日10时	8日10时										346
			三	减小泄流,并且设置三道拦截防线,配合哈达山水库调蓄				0	7日10时	12日10时	0	11日5时	12日5时							346
	汛期	6月23日	四	正常蓄																1150
			五	丰满减小泄流,哈达山收纳污水				0	23日10时	28日10时		①								1150

续表

事件	方案	时间		方案说明	水库调度												月亮泡水库			事件发生地流量/(m³/s)
		季节	典型时间		尼尔基水库			丰满水库			哈达山水库			大顶子山水库			分洪流量/(m³/s)	开始时间	结束时间	
					下泄流量/(m³/s)	开始时间	结束时间	下泄流量/(m³/s)	开始时间	结束时间	下泄流量/(m³/s)	开始时间	结束时间	下泄流量/(m³/s)	开始时间	结束时间				
松原污染事件	一	枯季	4月7日	正常调度																439
	二	枯季	4月7日	哈达山水库加大泄流							1000	7日10时	8日10时							439
	三	汛期	6月27日	正常调度																980
	四	汛期	6月27日	加大泄流																980
哈尔滨污染事件	一	枯季	4月7日	正常调度																600
	二	枯季	4月7日	大顶子山水库进行拦蓄										②						600
	三	枯季	4月7日	哈达山水库加大泄流							2000	7日10时	8日10时							600
	四	汛期	6月6日	正常调度																2000
佳木斯污染事件	一	枯季	4月19日	正常调度																1180
	二	枯季	4月19日	大顶子山加大泄流										2000	19日10时	20日10时				1180
	三	汛期	6月11日	正常调度																3020
	四	冰封期	1月17日	正常调度																302

① 事故发生后立后开始泄流，25日20时之前关闭闸门接纳污水并作其他处理。

② 污染事件发生后20h内开始泄空库容，假定卸掉掉一半，约有5亿库容，按1000m³/s流量入库可以蓄水5d以上，此后停止下泄拦蓄污水。

（2）方案设置

① 方案一：枯季（2005 年 4 月 7 日 8 时），事件发生后水库正常调度，事发地点流量为 346m³/s。

② 方案二：枯季（2005 年 4 月 7 日 8 时），事件发生 2h 后，丰满水库加大下泄流量到 1000m³/s，起止时间为 4 月 7 日 10 时～4 月 8 日 10 时。

③ 方案三：枯季（2005 年 4 月 7 日 8 时），事发后 2h 开始停止丰满水库下泄流量至 4 月 12 日 10 时，并在松江大桥、九站浮桥以及哈达山库区设立三道屏障进行拦截吸附等削减污染物的措施，为配合以上措施，哈达山水库（假定已建成）从 4 月 11 日 5 时（污染团到达时间）至 4 月 12 日 5 时停止下泄。

④ 方案四：汛期（2005 年 6 月 23 日 8 时），事件发生后水库正常调度，事发地点流量为 1150m³/s。

⑤ 方案五：汛期（2005 年 6 月 23 日 8 时），丰满水库与哈达山水库联合调度，丰满水库从 6 月 23 日 10 时至 6 月 28 日 10 时停止下泄，哈达山水库（假定已经建成）事故发生后开始加大泄流，腾空库容，25 日 20 时之前关闭闸门接纳污水并作其他化学处理。

3. 事件三：松原丙烯腈污染事件

（1）事件概述　假定在松原市 203 国道的松花江大桥上发生交通事故，前郭石化分公司运有剧毒槽车河边泄漏，20t 丙烯腈进入第二松花江。

（2）方案设置

① 方案一：枯季（2005 年 4 月 7 日 8 时），事件发生后水库正常调度，事发地点流量为 439m³/s。

② 方案二：枯季（2005 年 4 月 7 日 8 时），事件发生 2h 后，哈达山水库加大下泄流量到 1000m³/s，起止时间为 4 月 7 日 10 时～4 月 8 日 10 时。

③ 方案三：汛期（2005 年 6 月 27 日 8 时），事件发生后水库正常调度，事发地点流量为 980m³/s。

④ 方案四：汛期（2005 年 6 月 27 日 8 时），哈达山水库（假定已经建成）事故发生后开始加大泄流，起止时间为 4 月 7 日 10 时～4 月 8 日 10 时。

4. 事件四：哈尔滨硫化磷污染事件

（1）事件概述　假定一艘驳船火后沉没，83t 五硫化二磷入松花江干流，水厂被迫停止供水。

（2）方案设置

① 方案一：枯季（2005 年 4 月 7 日 8 时），事件发生后水库正常调度，事发地点流量为 600m³/s。

② 方案二：枯季（2005 年 4 月 7 日 8 时），事件发生后，大顶子山水库开始加大放流泄流约持续 20h，大概腾空一半库容；此后停止下泄，接纳污水，并作进一步处理。

③ 方案三：枯季（2005 年 4 月 7 日 8 时），事件发生后 2h 开始哈达山水库加大泄流，下泄流量为 2000m³/s，持续 24h。

④ 方案四：汛期（2005 年 6 月 6 日 8 时），事件发生后水库正常调度，事发

地点流量为 2000m³/s。

5. 事件五：佳木斯农药污染事件

（1）事件概述　假定省道顺抚线上，一辆货车失控翻倒，4t 多农药 DDT 倒入松花江干流（DDT 成分为二氯苯基三氯乙烷；DDT 化学性质稳定，在水中极不易溶解，在常温下不分解；对酸稳定，强碱及含铁溶液易促进其分解）。

（2）方案设置

① 方案一：枯季（2005 年 4 月 19 日 8 时），事件发生后水库正常调度，事发地点流量为 1180m³/s。

② 方案二：枯季（2005 年 4 月 19 日 8 时），事件发生 2h 后，事件发生后 2 小时开始大顶子山水库加大泄流，下泄流量为 2000m³/s，持续 24h。

③ 方案三：汛期（2005 年 6 月 11 日 8 时），事件发生后水库正常调度，事发地点流量为 3020m³/s。

④ 方案四：冰封期（2005 年 1 月 17 日 8 时），事件发生后水库正常调度，事发地点流量为 302m³/s。

三、调算结果分析

利用所研发的应急调度模型和计算软件，对以上各种事件进行调度计算。

1. 事件一：齐齐哈尔砷污染事件

（1）方案分析

① 方案一　污染团到达三岔河、哈尔滨和同江的时间大概为 18.35d、24.54d 和 33.63d；由于污染事件发生在枯季，嫩江流量较小，污染团的到达时间和影响时间都较长。

② 方案二　假定事件发生 2h 后，尼尔基水库加大下泄流量到 500m³/s。经过调算，下泄水量大概在富拉尔基追上污染团，也就是事件发生后约 4.39d，由于流量加大，污染团到达三岔河、哈尔滨和同江的时间都有所提前，分别为 12.51d、17.38d 和 26.62d，与方案一比较分别提前了 5.84d、7.16d 和 7.01d。

③ 方案三　在尼尔基水库与丰满水库联合调度情况下，加速了污染团在松花江干流的移动速度，使得污染团对松干沿线的影响时间和峰值浓度都有所减少，其中污染团到达哈尔滨和同江的时间比方案二提前 0.79d 和 1.32d。

④ 方案四　在尼尔基与哈达山、大顶子山联合调度情况下，由调度结果可以看出在污染团到达哈尔滨前的结果与方案三相同。由于大顶子山水库作用，污染团到达佳木斯和同江时间都有所减少，分别减少 0.49d 和 0.6d。

⑤ 方案五　假定污染事件发生在汛期（主汛期前），河道流量比较大，污染物随着水流会迅速向下游迁移，到达各个断面时间以及影响时间相对于枯季大大缩短，到达三岔河、哈尔滨和同江断面时间分别为 7.58d、11.5d 和 19.74d，比方案一分别缩短 10.77d、13.04d 和 13.89d。

⑥ 方案六　事件发生 2h 后，尼尔基水库加大下泄流量到 2000m³/s，大概在通河断面前 32km 处，追上了污染团；其后加速了污染团移动，预计到达佳木

斯和同江时间比方案五分别提前 0.32d 和 0.53d。

⑦ 方案七　事件发生后水库正常调度，启用月亮泡蓄滞洪区，分洪流量为 $500m^3/s$（约占嫩江总流量的 50%）；总的分洪量约为 $2×10^8m^3$，大约削减 50%污染物，分洪拦蓄污染物不仅削减污染物总量，也使污染团的移动速度受到一定影响，到达三岔河、哈尔滨和同江时间分别比方案五增加 0.28d、0.9d 和 1.43d，同时各个断面污染物峰值及影响时间都明显降低。

⑧ 方案八　尼尔基正常调度、启用月亮泡，并配合丰满水库加大泄流压制嫩江水流汇入松干，由表 5-35 可以看出其调度结果与方案七类似，但由于丰满水库加大了下泄流量使得松花江干流流量加大，剩余的污染团在水量稀释和冲刷下运移速度和浓度又有明显降低，到达哈尔滨断面和同江断面时间缩短 0.61d 和 1.15d。

（2）小结　调度时应尽量控制其影响范围，枯季应控制流量，采用拦截和投放药物的方式，通过石灰水调节 pH 值，同时投加适量聚合硫酸铁，在反应前预加氯氧化三价砷（即把 As^{3+} 变为 As^{5+}）来降低水体中砷浓度；汛期由于水量大，难于调控，宜采用蓄滞洪区把部分污水引出去集中处理，以减小对下游的影响。

2. 事件二：吉林氟化物污染事件

（1）结果分析

① 方案一　事件发生后，在没有采取任何调度措施的情况下，污染团到达松原、哈尔滨和佳木斯断面时间分别为 5.9d、12.45d 和 18.9d，影响时间约为 4.5d、5.58d 和 6.42d。

② 方案二　当采用事件发生 2h 后、丰满水库加大下泄流量到 $1000m^3/s$ 的调度方案时，加速了污染物移动速度。与方案一相比，到达松原、哈尔滨和佳木斯时间分别提前了 1.31d、3.07d 和 4.14d。

③ 方案三　当采用丰满水库停止泄流（并严格控制饮马河和伊通河泄流）以及设置三道拦截防线的方案进行拦截和吸附，并配合哈达山水库调蓄时，可以基本消除主要污染物的影响，避免污染团进入松花江干流。如采用哈达山水库的灌溉引水工程，把部分污水引入泡子集中处理，效果更加明显。

④ 方案四　当污染事件发生在汛期时，由于河道水流较大，污染团到达各个断面时间也大大缩短。如果不采取任何措施，污染团到达松原、哈尔滨和佳木斯时间分别为 3.99d、7.94d 和 13.38d，比枯季缩短了 1.91d、4.51d 和 6.63d。

⑤ 方案五　当采用丰满水库与哈达山水库联合调度，并采取其他削减污染物的拦截和吸附等方式时，也可以把污染团拦截在哈达山水库以上区域，使得哈达山水库以下二松和松干免受影响。

（2）小结　当在吉林市发生污染事件后，尤其是有毒有害物质时，应采用减小丰满水库的下泄流量，并严格控制饮马河和伊通河下泄水量，并充分利用吉林—哈达山沿线交通桥梁和浮桥，尽量削减污染物，然后在哈达山水库采用拦和引等措施最终消灭或基本清除污染物，保护二松下游及松干地区的生活、生产和生态安全。

3. 事件三：松原丙烯腈污染事件

（1）结果分析

① 方案一　假定事件发生后水库正常调度，则到达哈尔滨和佳木斯时间分

别为 6.23d 和 13.89d，影响时间约为 5.42d 和 6.25d。

② 方案二　当事件发生 2h 后，哈达山水库加大下泄流量到 $1000m^3/s$ 时，污染物随水流移动速度加大，预计在哈尔滨断面下泄水流追上污染团。此后增加其移动速度，预计到佳木斯和同江断面时间比方案一提前 1.33d 和 1.68d。

③ 方案三　在汛期，当事件发生后水库正常调度情况下，污染团到达哈尔滨和佳木斯时间分别为 4.05d 和 9.39d，比枯季大大缩短。

④ 方案四　在汛期，采用加大哈达山水库泄流的情景下，下泄水流没能在松花江干流追上污染团，其污染团到达各个断面时间与方案三相同。

（2）小结　当在松原市发生突发性污染事件时，在枯季可以利用大顶子山水库和哈达山水库的联合调控，减小哈达山水库下泄流量，利用大顶子山水库接纳污染物，并配合其他削减污染物的措施，使得污染事件不影响国际河流黑龙江；如果发生在汛期，水流较大，大顶子山可调蓄库容有限，水库调度作用不明显，宜采用设置拦污栅等措施尽量减小污染物总量，并配合以水库的冲刷措施，减小污染物浓度。

4. 事件四：哈尔滨硫化磷污染事件

（1）结果分析

① 方案一　在枯季，水库正常调度的情况下，污染团到达佳木斯和同江时间分别为 7.9d 和 10.72d。

② 方案二　在枯季，采用大顶子山水库腾空库容、接纳污水的方案时，可以有效控制污染物的影响范围，并采取其他削减措施，可以达到比较理想的效果。

③ 方案三　在枯季，事件发生后 2h 开始哈达山水库加大泄流时，下泄水流没能在境内追上污染团，调度没有效果。

④ 方案四　在汛期，正常调度情况下，污染物到达佳木斯和同江断面时间分别比枯季提前 2.27d 和 2.42d。

（2）小结　污染事件发生在哈尔滨时，如果在枯季，应采取预先腾空大顶子山水库库容，并拦蓄污水，进行削减和综合处理，以减小污染物对大顶子山下游的佳木斯以及境外的影响；如果发生在汛期，由于松干流量大，难于采用有效地水利调控措施，应以水利调控配合综合削减措施为主的应对方案。

5. 事件五：佳木斯农药污染事件

（1）方案设置

① 方案一　在枯季，水库正常调度的情况下，到达同江断面时间为 3.6d。

② 方案二　在枯季，采用加大大顶子山水库泄流措施时，下泄水流不可能追上污染团，调度没有任何作用。

③ 方案三　在汛期，水库正常调度情况下，到达同江断面时间为 2.67d。

④ 方案四　在冰封期，水库正常调度情况下，到达同江断面时间为 8.49d。

（2）小结　由于佳木斯距离同江断面较短，上下游没有可调控的水利工程，因此当汛期发生污染事件后，调控措施不明显，仅能采取设置拦污栅和投放各种吸附剂和处理剂的方式。在枯季可以考虑采用下游的灌区引提水设施，对部分污染物引排出去做集中处理。冰封期由于流量较小，并且有冰盖覆盖，宜采用设置层层断面进行破冰处理的方式。

根据不同时段调度策略和措施的不同，各方案调度结果见表 5-35。

表 5-35　典型情景调度结果

污染团到达时间/d

事件	方案	吉林	松花江	哈达山	扶余	松原	三岔河	尼尔基	齐齐哈尔	富拉尔基	江桥	大赉	三岔河口	下岱吉	哈尔滨	大顶子山	通河	依兰	佳木斯	同江
齐齐哈尔砷污染事件	方案一								0	4.39	6.94	16.54	18.35	20.87	24.54	25.26	28.28	29.48	30.82	33.63
	方案二								0	4.39	6.04	11.31	12.51	14.58	17.38	18.15	21.35	22.62	23.95	26.62
	方案三								0	4.39	6.04	11.31	12.51	14.28	16.59	17.28	20.30	21.45	22.63	25.30
	方案四								0	4.39	6.04	11.31	12.51	14.28	16.59	17.28	19.95	20.96	22.14	24.70
	方案五								0	0.69	2.14	6.55	7.58	9.29	11.50	12.13	14.80	15.88	17.07	19.74
	方案六								0	0.69	2.14	6.55	7.58	9.29	11.50	12.13	14.68	15.65	16.75	19.21
	方案七								0	0.69	2.14	6.63	7.86	9.80	12.40	13.08	15.96	17.11	18.36	21.17
	方案八								0	0.69	2.14	6.63	7.86	9.57	11.79	12.42	15.09	16.17	17.35	20.02
吉林氟化物污染事件	方案一	0	3.02	4.00	5.36	5.90	6.26						6.26	8.78	12.45	13.38	17.17	18.57	18.9	23.02
	方案二	0	2.49	3.24	4.20	4.59	4.85						4.85	6.79	9.38	10.15	13.35	14.50	14.76	18.90
	方案三	0	3.02	4.00																
	方案四	0	1.99	2.70	3.60	3.99	4.24						4.24	5.81	7.94	8.54	11.12	12.20	13.38	16.05
	方案五	0	1.99	2.70	2.70															
松原丙烯腈污染事件	方案一					0	0.36						0.36	3.10	6.23	7.15	10.95	12.29	13.89	17.49
	方案二					0	0.36						0.36	3.10	6.23	6.95	9.97	11.13	12.56	15.81
	方案三					0	0.26						0.26	1.92	4.05	4.63	7.13	8.21	9.39	12.06
	方案四					0	0.26						0.26	1.92	4.05	4.63	7.13	8.21	9.39	12.06
哈尔滨硫化磷污染事件	方案一														0	1.09	5.13	6.39	7.90	10.72
	方案二														0.00	1.09	5.13	6.39	7.90	10.72
	方案三														0	1.09				
	方案四														0	0.63	3.30	4.38	5.63	8.30
佳木斯农药污染事件	方案一																		0	3.60
	方案二																		0	3.60
	方案三																		0	2.67
	方案四																		0	8.49

第六节　应急调度方案集

一、应急调度措施

（一）不同类型污染物应对措施

根据污染物的分类与对各种方案的总结，得到了不同类型污染物的水利调控措施，见表5-36。

表5-36　不同污染物的水利调控措施

类型				主要污染物	水利调控方式
无机污染物	无毒	酸碱盐类		硫酸、硝酸、盐酸、磷酸、氢氧化钠(钙)、无机盐	通常利用加大水库泄量,加速污染物的扩散和稀释
	有毒	非金属		氰化物、氟化物、硫化物	在非汛期或汛期不影响防洪安全的前提下进行拦蓄,由于污染物比水重、沉入水底,尽可能用防爆泵将水下的泄漏物进行收集,消除污染及安全隐患
		重金属		汞、镉、铬、铅、铜、锌	拦蓄,石灰软化法、沸石吸附
化学性污染物	有机污染物	无毒	需氧有机物质	碳水化合物、蛋白质、油脂、氨基酸、木质素	浓度较低时可以通过加大泄量使水中污染物浓度降低;浓度较大时,拦截并集中处理
		有毒	易分解有机毒物	酚、苯、醇、醛、多环芳烃、芳香烃	当苯泄漏进水体时,应立即构筑堤坝或使用围栏,切断受污染水体的流动,将苯液限制在一定范围内,然后再作必要处理。少量泄漏时,投加粉末活性炭;大量泄漏时,用泡沫覆盖以降低蒸汽危害或用喷雾状水冷却、稀释,用防爆泵转移至槽车或专用收集器内集中处理
			难分解有机毒物	有机氯农药、多氯联苯、洗涤剂等;八种杀虫剂(艾氏剂、异狄氏剂、毒杀芬、氯丹、狄氏剂、七氯、灭蚁灵和滴滴娣)、六氯苯、多氯联苯、二氧芑和呋喃等工业化合物及其副产品	利用水库的调节作用减缓污染物的扩散,通过投放各种吸附材料去除
	油类污染物			石油及其制品	岸上拦防、水下堵捞和吸附
生物性污染物	营养性污染物			有机氮、有机磷化合物、NO_3^-、PO_4^{3-}、NH_4^+等	通过水库调度调节水中BOD浓度
	病原微生物			细菌、病毒、病虫卵、寄生虫、原生动物、藻类等	浓度较低时可以通过加大泄量使水中污染物浓度降低;浓度较大时,拦截并集中处理

续表

类型		主要污染物	水利调控方式
物理性污染物	固体污染物	溶解性固体、肢体、悬浮物、尘土、漂浮物等	浓度较低时可以通过加大泄量使水中污染物浓度降低;浓度较大时,拦截并集中处理
	感官性污染物	H_2S、NH_3、胺、硫、醇、燃料、色素、肉眼可见物、泡沫等	浓度较低时可以通过加大泄量使水中污染物浓度降低;浓度较大时,拦截并集中处理
	热污染	工业热水等	如果水温过高,可通过加大泄量的方式调节水温
	放射性污染物	^{238}U、^{232}Th、^{226}Ra、^{90}Sr、^{137}Cs、^{289}Pu 等	放射性物质以打捞处理为主,水库调度以适合打捞等工作的开展

(二) 不同地点调度措施

根据调控措施的不同以及风险区域划分,给出松花江主要干支流不同地点的调控措施(见表 5-37)。

表 5-37 不同区域的水利调控措施

区域(风险区)	一级防控措施	水库		引排水工程	蓄滞洪区	可以设置拦截断面的桥梁
		上游	下游			
白山—丰满		白山水库	丰满水库			
丰满—哈达山(吉林市)		丰满水库	哈达山水库	引松入长、中部引水、哈达山水库引水		吉林市 12 座桥
星星哨—石头口门		星星哨水库	石头门水库	引松入长		8 座桥
石头口门—第二松花江		石头口门水库				13 座桥
新立城水库—第二松花江		新立城水库				长春市 31 座桥及闸坝
太平池水库—伊通河		太平池水库				1 座桥
哈达山—三岔河(松原市)		哈达山	大顶子山	前郭灌区提水		松原市 5 座桥
尼尔基—三岔河(齐齐哈尔与富拉尔基)		尼尔基	大顶子山	北引、中引、富拉尔基引水、白沙滩灌区提水、泰来县灌区引水、南引	月亮泡、胖头泡	5 座桥

区域 （风险区）	一级防 控措施	水库		引排水工程	蓄滞 洪区	可以设置拦截 断面的桥梁
		上游	下游			
三岔河—大顶 子山（哈尔滨）		哈达山与 尼尔基	大顶子山			5 座桥
大顶子山—同 江（佳木斯）		大顶子山		佳木斯、桦川、 鹤岗、肇源等农业 引提水		2 座桥

（三）不同时期调控特点及措施

年内的不同时期，水文特点存在显著差异，下面总结不同时期的水文特点及调度特点。

（1）非汛期的冰封期（12 月～翌年 3 月）　冰封期河道流量较小，并且被冰所覆盖，极易对污染物进行筑坝拦截和打捞等操作，因此在冰封期一般采用非水力措施，对污染物进行拦截和消除。

（2）非汛期的非冰期（4～5 月、10～11 月）　非汛期水流较小，并且没有冰层覆盖，水库库容较小，一般不应采取水库放水冲的调度方式，一般以减小水库下泄流量，并配合下游筑坝或沿桥设置拦截和吸附等防线，尽量减小污染物的影响范围，但是个别营养性污染物和感官及温度污染物除外。

（3）汛期的主汛期前（6～7 月）　在主汛期前水库为了拦蓄洪水，一般都腾空库容，降到汛限水位以下，河道内流量较大，因此适宜采取事发地点上游拦蓄洪水、下游腾空库容拦截污染物并集中处理的措施。

（4）汛期的主汛期（7～8 月）　主汛期一般水库都承担起了防洪的任务，水库经常需水到设计洪水位，因此水库拦截洪水的能力有限，河道流量较大，受防洪安全的限制，不易采取拦蓄污染物的策略，应以蓄引结合，并视情况启用蓄滞洪区引蓄污染物的措施。

（5）汛期的主汛期末（8～9 月）　主汛期结束后，水库开始考虑拦蓄部分洪水，为枯季的供水和发电做准备，因此可以充分利用水库蓄水采取蓄排结合的方式，与下游的拦蓄相结合，对河道水利条件进行合理调度。

二、应急调度方案集

根据以上规律和措施，得到松花江干流面向水污染突发事件的应急调度方案集，见表 5-38、表 5-39。

表5-38 应急调度方案集（1）

区域(风险区)	时段		无毒无机物	有毒无机物		无毒有机物	有毒有机物	
			酸碱盐类	非金属	重金属	需氧有机物	易分解	难分解
白山—丰满段(含辉发河)	非汛期	冰封期	打捞和清理等措施	打捞和清理等措施	拦截和吸附	打捞和清理等措施	拦截和吸附	拦截和吸附
		非冰封期	加大白山水库泄流	减小白山下泄，在丰满水库采取拦蓄和引排措施	减小白山下泄，拦截和吸附污染物	浓度较低时加大泄量，高浓度时拦截和引排并集中处理	停止泄流，采用围堵和拦截的方式	停止泄流，采用围堵和拦截的方式
	汛期	主汛期前	加大白山水库泄流	减小白山下泄，在丰满水库采取拦蓄和引排措施	不影响防洪安全的前提下控制白山下泄	加大泄量	不影响防洪安全的前提下，减小泄流并拦蓄	不影响防洪安全的前提下，减小泄流并拦蓄
		主汛期	加大白山水库泄流	视情况采取白山与丰满蓄泄结合的方式	不影响防洪安全的前提下控制白山下泄	加大泄量	不影响防洪安全的前提下，减小泄流并拦蓄	不影响防洪安全的前提下，减小泄流并拦蓄
		主汛期后	加大白山水库泄流	在不影响防洪安全的前提下拦蓄污染物	不影响防洪安全的前提下控制白山下泄	加大泄量	不影响防洪安全的前提下，减小泄流并拦蓄	不影响防洪安全的前提下，减小泄流并拦蓄
丰满—哈尔滨(吉林市)	非汛期	冰封期	打捞与中和等措施	打捞和清理等措施	拦截和吸附	打捞和清理等措施	拦截和吸附	拦截和吸附
		非冰封期	加大丰满水库泄流	减小丰满下泄，在哈达山采取拦蓄和引排措施	减小丰满下泄，哈达山采取拦蓄吸附污染物	浓度较低时加大泄量，高浓度时拦截并集中处理	停止泄流，采用围堵和拦截的方式	停止泄流，采用围堵和拦截的方式
	汛期	主汛期前	加大丰满水库泄流	减小丰满下泄，在哈达山采取拦蓄和引排措施	不影响防洪安全的前提下控制丰满下泄	加大泄量	不影响防洪安全的前提下，减小泄流并拦蓄	不影响防洪安全的前提下，减小泄流并拦蓄
		主汛期	加大丰满水库泄流	视情况采取丰满与哈达山蓄泄结合的方式	不影响防洪安全的前提下控制丰满下泄	加大泄量	不影响防洪安全的前提下，减小泄流并拦蓄	不影响防洪安全的前提下，减小泄流并拦蓄
		主汛期后	加大丰满水库泄流	在不影响防洪安全的前提下拦蓄污染物	不影响防洪安全的前提下控制丰满下泄	加大泄量	不影响防洪安全的前提下，减小泄流并拦蓄	不影响防洪安全的前提下，减小泄流并拦蓄

续表

区域（风险区）	时段	无毒无机物	有毒无机物		无毒有机物	有毒有机物	
		酸碱盐类	非金属	重金属	需氧有机物	易分解	难分解
新立城—农安段（长春市）	冰封期	打捞与中和等措施	打捞和清理等措施	拦截和吸附	打捞和清理等措施	拦截和吸附	拦截和吸附
	汛期 非汛封期前	加大新立城水库泄流	减小新立城下泄，在下游采取拦蓄和引排措施	拦截和吸附污染物	浓度较低时加大泄量，高浓度时拦截和引排并集中处理	停止泄流，采用围堵和拦截的方式	停止泄流，采用围堵和拦截的方式
	主汛期前	加大新立城水库泄流	减小新立城下泄，在下游采取拦蓄和引排措施	不影响防洪安全的前提下控制新立城下泄	加大泄量	不影响防洪安全的前提下，减小泄流并拦蓄	不影响防洪安全的前提下，减小泄流并拦蓄
	主汛期	加大新立城水库泄流	视情况采取新立城与太平池蓄泄结合的方式	不影响防洪安全的前提下控制新立城下泄	加大泄量	不影响防洪安全的前提下，减小泄流并拦蓄	不影响防洪安全的前提下，减小泄流并拦蓄
	主汛期后	加大新立城水库泄流	在不影响防洪安全的前提下拦蓄污染物	不影响防洪安全的前提下控制新立城下泄	加大泄量	不影响防洪安全的前提下，减小泄流并拦蓄	不影响防洪安全的前提下，减小泄流并拦蓄
石头口门—德惠段	冰封期	打捞与中和等措施	打捞和清理等措施	拦截和吸附	打捞和清理等措施	拦截和吸附	拦截和吸附
	汛期 非冰封期	加大石头口门水库泄流	减小石头口头下泄，在下游采取拦蓄和引排措施	减小石头口头下泄，拦截和吸附防污染物	浓度较低时加大泄量，高浓度时拦截和引排并集中处理	停止泄流，采用围堵和拦截的方式	停止泄流，采用围堵和拦截的方式
	主汛期前	加大石头口门口水库泄流	减小石头口头下泄，在下游采取星星哨与太平池蓄泄结合的方式	不影响防洪安全的前提下控制石头口门下泄	加大泄量	不影响防洪安全的前提下，减小泄流并拦蓄	不影响防洪安全的前提下，减小泄流并拦蓄
	主汛期	加大石头口门口水库泄流	视情况采取星星哨与太平池蓄泄结合的方式	不影响防洪安全的前提下控制石头口头下泄	加大泄量	不影响防洪安全的前提下，减小泄流并拦蓄	不影响防洪安全的前提下，减小泄流并拦蓄
	主汛期后	加大石头口门口水库泄流	在不影响防洪安全的前提下拦蓄污染物	不影响防洪安全的前提下控制石头口门口下泄	加大泄量	不影响防洪安全的前提下，减小泄流并拦蓄	不影响防洪安全的前提下，减小泄流并拦蓄

续表

区域（风险区）	时段		无毒无机物	有毒无机物		无毒有机物	有毒有机物	
			酸碱盐类	非金属	重金属	需氧有机物	易分解	难分解
哈达山—三岔河（松原市）	非汛期	冰封期	打捞与中和等措施	打捞和清理等措施	拦截和吸附	打捞和清理等措施	拦截和吸附	拦截和吸附
		非冰封期	加大哈达山泄流	减小哈达山下泄，在大顶子山以上采取蓄和引排措施	减小哈达山下泄，在大顶子山以上采取蓄和引排措施	浓度较低时加大泄量，高浓度时拦截和引排集中处理	停止泄流，采用围堵和拦截的方式	停止泄流，采用围堵和拦截的方式
	汛期	主汛期前	加大哈达山泄流	哈达山水库蓄排结合，配合下游蓄滞区拦蓄的实施	不影响防洪安全的前提下控制哈达山下泄，并采取其他辅助措施	加大泄量	不影响防洪安全的前提下，减小泄流并拦蓄	不影响防洪安全的前提下，减小泄流并拦蓄
		主汛期	加大哈达山泄流	在不影响小下泄流量的提下减小污染物的扩散	不影响防洪安全的前提下控制哈达山下泄流量，并采取其他辅助措施	加大泄量	不影响防洪安全的前提下，减小泄流并拦蓄	不影响防洪安全的前提下，减小泄流并拦蓄
		主汛期后	加大哈达山泄流	在不影响小下泄流量的提下减小污染物的扩散	不影响防洪安全的前提下控制哈达山下泄，并采取其他辅助措施	加大泄量	不影响防洪安全的前提下，减小泄流并拦蓄	不影响防洪安全的前提下，减小泄流并拦蓄
尼尔基—三岔河（齐齐哈尔与富拉尔基）	非汛期	冰封期	打捞与中和等措施	打捞和清理等措施	拦截和吸附	打捞和清理等措施	拦截和吸附	拦截和吸附
		非冰封期	加大尼尔基泄流	减小尼尔基水库下泄	减小尼尔基水库下泄	浓度较低时加大泄量，高浓度时拦截和引排	停止泄流，采用围堵和拦截的方式	停止泄流，采用围堵和拦截的方式
	汛期	主汛期前	加大尼尔基泄流	尼尔基水库蓄排结合，配合污染物削减，并适时启用蓄滞洪区拦蓄污水	尼尔基水库蓄排结合，配合污染物削减，并适时启用蓄滞洪区拦蓄污水	加大泄量	不影响防洪安全的前提下，减小泄流并拦蓄	不影响防洪安全的前提下，减小泄流并拦蓄
		主汛期	加大尼尔基泄流	尼尔基水库蓄排结合，配合污染物削减，并适时启用蓄滞洪区拦蓄污水	尼尔基水库蓄排结合，配合污染物削减，并适时启用蓄滞洪区拦蓄污水	加大泄量	不影响防洪安全的前提下，减小泄流并拦蓄	不影响防洪安全的前提下，减小泄流并拦蓄
		主汛期后	加大尼尔基泄流	尼尔基水库蓄排结合，配合污染物削减，并适时启用蓄滞洪区拦蓄污水	尼尔基水库蓄排结合，配合污染物削减，并适时启用蓄滞洪区拦蓄污水	加大泄量	不影响防洪安全的前提下，减小泄流并拦蓄	不影响防洪安全的前提下，减小泄流并拦蓄

区域（风险区）	时段		无毒无机物（酸碱盐类）	有毒无机物		无毒有机物（需氧有机物）	有毒有机物	
				非金属	重金属		易分解	难分解
三岔河—大顶子山（哈尔滨）	非汛期	冰封期	打捞与中和等措施	打捞和清理等措施	拦截和吸附	打捞和清理等措施	拦截和吸附	拦截和吸附
		非冰封期	适时加大哈达山水库泄流	控制哈达山水库下泄，在大顶子山水库以上采取非水利措施	控制哈达山水库下泄，在大顶子山水库以上采取非水利措施	以冲为主	尽量减小嫩江和二松入流，采用拦蓄的方式	尽量减小嫩江和二松入流，采用拦蓄的方式
	汛期	主汛期前	一般不作处理	哈达山水库与大顶子山水库蓄排结合，控制污染物的扩散	哈达山水库与大顶子山水库蓄排结合，控制污染物的扩散	以冲为主	不影响防洪安全的前提下，控制流量并拦蓄	不影响防洪安全的前提下，控制流量并拦蓄
		主汛期	一般不作处理	哈达山水库与大顶子山水库蓄排结合，控制污染物的扩散	哈达山水库与大顶子山水库蓄排结合，控制污染物的扩散	以冲为主	不影响防洪安全的前提下，控制流量并拦蓄	不影响防洪安全的前提下，控制流量并拦蓄
		主汛期后	一般不作处理	哈达山水库与大顶子山水库蓄排结合，控制污染物的扩散	哈达山水库与大顶子山水库蓄排结合，控制污染物的扩散	以冲为主	不影响防洪安全的前提下，控制流量并拦蓄	不影响防洪安全的前提下，控制流量并拦蓄
大顶子山—同江（佳木斯）	非汛期	冰封期	打捞与中和等措施	打捞和清理等措施	拦截和吸附	打捞和清理等措施	拦截和吸附	拦截和吸附
		非冰封期	加大大顶子山水库下泄流量	减小大顶子山水库下泄，并采取非水利措施	减小大顶子山水库下泄，并采取非水利措施	以冲为主	停止泄流，采用围堵和拦截的方式	停止泄流，采用围堵和拦截的方式
	汛期	主汛期前	一般不作处理	非水利措施	拦截、石灰软化法、沸石吸附	以冲为主	不影响防洪安全的前提下，减小泄流流量并拦蓄	不影响防洪安全的前提下，减小泄流流量并拦蓄
		主汛期	一般不作处理	非水利措施	拦截、石灰软化法、沸石吸附	以冲为主	不影响防洪安全的前提下，减小泄流流量并拦蓄	不影响防洪安全的前提下，减小泄流流量并拦蓄
		主汛期后	一般不作处理	非水利措施	拦截、石灰软化法、沸石吸附	以冲为主	不影响防洪安全的前提下，减小泄流流量并拦蓄	不影响防洪安全的前提下，减小泄流流量并拦蓄

表5-39　应急调度方案集（2）

区域	时段		油类污染物	生物污染物		固体污染物	物理性污染物		放射性污染
				营养性	病原微生物		感官性污染	热污染	
白山—丰满（辉发河）	非汛期	冰封期	堵捞和吸附	打捞和引排相结合	打捞和引排相结合	打捞和拦截	打捞和拦截	不做处置	拦截和打捞
		非冰封期	控制泄流、拦截和吸附	加大白山水库泄流	减小泄流、引排结合	浓度较低时冲、浓度高时拦蓄和打捞	控制泄流、拦截和引排	加大白山泄量	减小白山下泄、拦截和引排打捞
	汛期	主汛期前	不影响防洪安全的前提下、丰满减小泄流拦蓄	以冲为主	不影响防洪安全的前提下、丰满减小泄流拦蓄	以冲为主	不影响防洪安全的前提下、丰满减小泄流拦蓄	加大白山泄量	不影响防洪安全的前提下控制白山下泄
		主汛期	不影响防洪安全的前提下、丰满减小泄流拦蓄	以冲为主	不影响防洪安全的前提下、丰满减小泄流拦蓄	以冲为主	不影响防洪安全的前提下、丰满减小泄流拦蓄	加大白山泄量	不影响防洪安全的前提下控制白沙下泄
		主汛期后	不影响防洪安全的前提下、丰满减小泄流拦蓄	以冲为主	不影响防洪安全的前提下、丰满减小泄流拦蓄	以冲为主	不影响防洪安全的前提下、丰满减小泄流拦蓄	加大白山泄量	不影响防洪安全的前提下控制白山下泄
丰满—哈达山（吉林市）	非汛期	冰封期	堵捞和吸附	打捞和引排相结合	打捞和引排相结合	打捞和拦截	打捞和拦截	不做处置	拦截和打捞
		非冰封期	控制泄流、拦截和吸附	加大丰满水库泄流	减小泄流、引排结合	浓度较低时冲、浓度高时拦蓄和打捞	控制泄流、拦截和引排	加大丰满泄量	减小丰满下泄、拦截和引排打捞
	汛期	主汛期前	不影响防洪安全的前提下、减小泄流拦蓄	以冲为主	不影响防洪安全的前提下拦蓄	以冲为主	不影响防洪安全的前提下、减小泄流拦蓄	加大丰满泄量	不影响防洪安全的前提下控制丰满下泄
		主汛期	不影响防洪安全的前提下、减小泄流拦蓄	以冲为主	不影响防洪安全的前提下拦蓄	以冲为主	不影响防洪安全的前提下、减小泄流拦蓄	加大丰满泄量	不影响防洪安全的前提下控制丰满下泄
		主汛期后	不影响防洪安全的前提下、减小泄流拦蓄	以冲为主	不影响防洪安全的前提下拦蓄	以冲为主	不影响防洪安全的前提下、减小泄流拦蓄	加大丰满泄量	不影响防洪安全的前提下控制丰满下泄

续表

区域	时段		油类污染物	生物污染物 营养性	生物污染物 病原微生物	固体污染物	物理性污染物 感官性污染	物理性污染物 热污染	放射性污染
新立城—农安段（长春市）	非汛期	冰封期	堵捞和吸附	打捞和引排相结合	打捞和引排相结合	打捞和拦截	打捞和拦截	不做处置	拦截和打捞
		非冰封期	控制泄流、拦截和吸附	加大新立城泄流	减小泄流、拦截和引排结合	浓度较低时冲、浓度高时拦蓄和打捞	控制泄流、拦截和引排	加大新立城泄量	减小新立城引泄、拦截和打捞相结合
	汛期	主汛期前	不影响防洪安全的前提下，新立城减小泄流并在下游拦蓄削减	以冲为主	不影响防洪安全的前提下，新立城减小泄流并在下游拦蓄削减	以冲为主	不影响防洪安全的前提下，新立城减小泄流并在下游拦蓄削减	加大新立城泄量	不影响防洪安全的前提下，新立城减小泄流并在下游拦蓄削减
		主汛期	不影响防洪安全的前提下，新立城减小泄流并在下游拦蓄削减	以冲为主	不影响防洪安全的前提下，新立城减小泄流并在下游拦蓄削减	以冲为主	不影响防洪安全的前提下，新立城减小泄流并在下游拦蓄削减	加大白山泄量	不影响防洪安全的前提下，新立城减小泄流并在下游拦蓄削减
		主汛期后	不影响防洪安全的前提下，新立城减小泄流并在下游拦蓄削减	以冲为主	不影响防洪安全的前提下，新立城减小泄流并在下游拦蓄削减	以冲为主	不影响防洪安全的前提下，新立城减小泄流并在下游拦蓄削减	加大新立城泄量	不影响防洪安全的前提下，新立城减小泄流并在下游拦蓄削减
石头口门—德惠段	非汛期	冰封期	堵捞和吸附	打捞和引排相结合	打捞和引排相结合	打捞和拦截	打捞和拦截	不做处置	拦截和打捞
		非冰封期	控制泄流、拦截和吸附	加石头口门水库泄流	减小泄流、拦截和引排结合	浓度较低时冲、浓度高时拦蓄和打捞	控制泄流、拦截和引排	加石头口门门泄量	不影响防洪安全的前提下，石头口门泄流并在下游拦蓄削减
	汛期	主汛期前	不影响防洪安全的前提下，石头口门小泄流并在下游拦蓄削减	以冲为主	不影响防洪安全的前提下，石头口门小泄流并在下游拦蓄削减	以冲为主	不影响防洪安全的前提下，石头口门小泄流并在下游拦蓄削减	加大白山泄量	不影响防洪安全的前提下，石头口门泄流并在下游拦蓄削减

续表

区域	时段		油类污染物	生物污染物		物理性污染物			
				营养性	病原微生物	固体污染物	感官性污染物	热污染	放射性污染
石头口门—德惠段	汛期	主汛期	不影响防洪安全的前提下,石头口门减小泄流并在下游拦蓄削减	以冲为主	不影响防洪安全的前提下,石头口门减小泄流并在下游拦蓄削减	以冲为主	不影响防洪安全的前提下,石头口门减小泄流并在下游拦蓄削减	加大白山泄量	不影响防洪安全的前提下,石头口门减小泄流并在下游拦蓄削减
		主汛期后	不影响防洪安全的前提下,石头口门减小泄流并在下游拦蓄削减	以冲为主	不影响防洪安全的前提下,石头口门减小泄流并在下游拦蓄削减	以冲为主	不影响防洪安全的前提下,石头口门减小泄流并在下游拦蓄削减	加大白山泄量	不影响防洪安全的前提下控制白山下泄
	非汛期	冰封期	堵封和吸附	打捞和引排相结合	打捞和引排结合	打捞和拦截	打捞和拦截	不做处置	拦截和打捞
		非冰封期	控制泄流、拦截和吸附	加大哈达山泄流	减小泄流、拦截和引排结合	浓度较低时冲,浓度高时拦蓄和打捞	控制泄流引排	加大哈达山泄量	减小哈达山下泄,在大顶子山以上采取拦蓄和引排措施
哈达山三岔河(松原市)	汛期	主汛期前	不影响防洪安全的前提下,减小泄流并拦蓄	以冲为主	不影响防洪安全的前提下,减小泄流并拦蓄	以冲为主	不影响防洪安全的前提下,减小泄流并拦蓄	加大哈达山泄量	不影响防洪安全的前提下控制哈达山下泄,并采取其他辅助措施
		主汛期	不影响防洪安全的前提下,减小泄流并拦蓄	以冲为主	不影响防洪安全的前提下,减小泄流并拦蓄	以冲为主	不影响防洪安全的前提下,减小泄流并拦蓄	加大哈达山泄量	不影响防洪安全的前提下控制哈达山下泄,并采取其他辅助措施
		主汛期后	不影响防洪安全的前提下,减小泄流并拦蓄	以冲为主	不影响防洪安全的前提下,减小泄流并拦蓄	以冲为主	不影响防洪安全的前提下,减小泄流并拦蓄	加大哈达山泄量	不影响防洪安全的前提下控制哈达山下泄,并采取其他辅助措施

续表

区域	时段		油类污染物	生物污染物		固体污染物	物理性污染物		
				营养性	病原微生物		感官性污染物	热污染	放射性污染
尼尔基—三岔河（齐齐哈尔与富拉基）	非汛期	冰封期	堵捞和吸附	打捞和引排相结合	打捞和引排相结合	打捞和拦截	打捞和拦截	不做处置	拦截和打捞
		非冰封期	控制泄流、拦截和吸附	加大尼尔基水库泄流	减小泄流、拦截和引排结合	浓度较低时冲，浓度高时拦蓄和打捞	控制泄流、拦截和引排	加大尼尔基基泄流量	减小尼尔基基水库下泄
	汛期	主汛期前	不影响防洪安全的前提下，减小泄流拦蓄	以冲为主	不影响防洪安全的前提下，减小泄流拦蓄	以冲为主	不影响防洪安全的前提下，减小泄流拦蓄	加大尼尔基基泄流量	尼尔基基水库蓄排结合，配合污染削减，并适时启用蓄滞洪区拦蓄污水
		主汛期	不影响防洪安全的前提下，减小泄流拦蓄	以冲为主	不影响防洪安全的前提下，减小泄流拦蓄	以冲为主	不影响防洪安全的前提下，减小泄流拦蓄	加大尼尔基基泄流量	尼尔基基水库蓄排结合，配合污染削减，并适时启用蓄滞洪区拦蓄污水
		主汛期后	不影响防洪安全的前提下，减小泄流拦蓄	以冲为主	不影响防洪安全的前提下，减小泄流拦蓄	以冲为主	不影响防洪安全的前提下，减小泄流拦蓄	加大尼尔基基泄流量	尼尔基基水库蓄排结合，配合污染削减，并适时启用蓄滞洪区拦蓄污水
三岔河—大顶子山（哈尔滨）	非汛期	冰封期	堵捞和吸附	打捞和引排相结合	打捞和引排相结合	打捞和拦截	打捞和拦截	不做处置	拦截和打捞
		非冰封期	控制泄流、拦截和吸附	适时加大哈达山水库泄流	减小泄流、拦截和引排结合	浓度较低时冲，浓度高时拦蓄和打捞	控制泄流、拦截和引排	适时加大哈达山水库下泄流量	控制哈达山水库下泄、在采取哈达山水顶子山水利措施上采取非工程措施

续表

区域	时段		油类污染物	生物污染物		固体污染物	物理性污染物		
				营养性	病原微生物		感官性污染物	热污染	放射性污染
三岔河—大顶子山（哈尔滨）	汛期	主汛期前	不影响防洪安全的前提下，控制流量并拦截	以冲为主	不影响防洪安全的前提下，减小泄流并拦蓄	以冲为主	不影响防洪安全的前提下，减小泄流并拦蓄	一般不做处置	哈达山水库与大顶子山水库蓄排结合，控制污染物的扩散
		主汛期	不影响防洪安全的前提下，控制流量并拦截	以冲为主	不影响防洪安全的前提下，减小泄流并拦蓄	以冲为主	不影响防洪安全的前提下，减小泄流并拦蓄	一般不做处置	哈达山水库与大顶子山水库蓄排结合，控制污染物的扩散
		主汛期后	不影响防洪安全的前提下，控制流量并拦截	以冲为主	不影响防洪安全的前提下，减小泄流并拦蓄	以冲为主	不影响防洪安全的前提下，减小泄流并拦蓄	一般不做处置	哈达山水库与大顶子山水库蓄排结合，控制污染物的扩散
	非汛期	冰封期	堵捞和吸附	打捞和引排相结合	打捞和引排相结合	打捞和拦截	打捞和拦截	不做处置	拦截和打捞
		非冰封期	控制泄流、拦截和吸附	加大大顶子山水库泄流	减小泄流、拦截和引排结合	浓度较低时冲、浓度高时拦蓄和打捞	控制泄流、拦截和引排	加大大顶子山水库下泄流量	减小大顶子山水库下泄，并采取非水利措施
大顶子山—同江（佳木斯）	汛期	主汛期前	不影响防洪安全的前提下，减小泄流并拦截	以冲为主	不影响防洪安全的前提下，减小泄流并拦蓄	以冲为主	不影响防洪安全的前提下，减小泄流并拦蓄	一般不做处置	拦截、石灰软化法、沸石吸附
		主汛期	不影响防洪安全的前提下，减小泄流并拦截	以冲为主	不影响防洪安全的前提下，减小泄流并拦蓄	以冲为主	不影响防洪安全的前提下，减小泄流并拦蓄	一般不做处置	拦截、石灰软化法、沸石吸附
		主汛期后	不影响防洪安全的前提下，减小泄流并拦截	以冲为主	不影响防洪安全的前提下，减小泄流并拦蓄	以冲为主	不影响防洪安全的前提下，减小泄流并拦蓄	一般不做处置	拦截、石灰软化法、沸石吸附

三、应急调度预案

根据我国现存的应急预案分级标准，以及结合松花江流域面向水污染突发事件的应急调度实际情况，确定应急方案/预案的分级标准，共分为四级（见表5-40）。

表 5-40　应急预案的分级

序号	项目		应急调度案			
	内容	单位	Ⅰ级	Ⅱ级	Ⅲ级	Ⅳ级
1	死亡人口	个	≥30	≥10	≥3	>0
2	中毒或重伤	个	≥100	≥50		
3	受影响人口	万人	≥5	≥1	—	—
4	影响范围		全流域	跨省级行政区	跨地级行政区	跨县级行政区
5	生态功能		严重丧失	部分丧失		
6	濒危物种		严重污染	受到污染		
7	社会经济活动		严重影响	较大影响		
8	水源地		重要城市主要水源地	县级以上城镇集中供水水源	重要工业企业用水受到严重污染	灌溉用水受到污染
9	调度措施		需协调多个大型水利部门和其他部门工程和措施	需调动流域级或其他部门工程措施	需调动省内大型水利工程	需调度省内中小型水利工程
10	特别规定		国务院有关部门确定的特别重大突发性水污染事件	国务院有关部门确定的重大突发性水污染事件	松辽委或省水主管部门确定的重大水污染事件	地区水主管部门确定的重大水污染事件

根据应急预案分解，当进行调度时应采取不同调度预案，通过对以上各种相关应急预案分析，并结合松花江流域情况，针对"不同类别、不同等级突发事件应采取不同的调度措施"，给出具体响应如下。

（1）对于Ⅳ级突发事件（一般严重），应启动Ⅳ级应急调度预案，该预案的实施仅限于省内各级政府和水利部门即可解决，动用各类水利工程，实施联合应急调度，加大或减少下泄量、关停取供水量、拦蓄干流径流量、引排干流水量等措施。

（2）对于Ⅲ级突发事件（较严重），应启动Ⅲ级应急调度预案。该预案的实施仍仅限于省内各级政府、水利部门、电力部门和环保部门、城建部门、卫生部门等即可解决，不仅需要动用省内的各类水利工程（包括蓄滞洪区，以下同），实施联合应急调度，加大或减少下泄量、关停取供水量、拦蓄干流径流量、引排干流水量等措施；而且还要动用属于电力部门的水电工程、交通部门的航运枢纽等，实施联合应急调度，加大或减少蓄泄水量，以及环保部门、城建部门、卫生部门等相互配合与协调等。

（3）对于Ⅱ级突发事件（严重），应启动Ⅱ级应急调度预案。该预案的实施需要涉及流域机构、流域内各级政府、水利部门、电力部门和环保部门、城建部门、卫生部门、公安部门等方可解决，不仅需要动用省内的各类水利工程、水电工程和航运枢纽等联合应急调度，加大或减少下泄量、关停取供水量、拦蓄干流径流量、引排干流水量，以及环保部门、城建部门、卫生部门等相互配合与协调，而且还需要实施省外相关流域的各类水利工程、水电工程和航运枢纽、蓄滞洪区等联合调度以及相关省份密切配合与协调等。

（4）对于Ⅰ级突发事件，应启动Ⅰ级应急调度预案。该预案的实施不仅需要涉及流域机构、流域内各级政府、水利部门、电力部门和环保部门、城建部门、卫生部门、公安部门等，动用流域内的各类水利工程、水电工程和航运枢纽、蓄滞洪区等联合应急调度，加大或减少下泄量、关停取供水量、拦蓄干流径流量、引排干流水量，以及环保部门、城建部门、卫生部门等相互配合与协调，而且还需要中央有关部委的支持和有关省区的援助才能解决。

第六章

水污染突发事件应急调度会商平台

第一节 系统总体架构

应急调度系统以水利部门的实时信息、网络环境和软硬件环境为基础，总体采用基于 C/S 的三层结构设计。应急调度系统整体架构如图 6-1 所示。

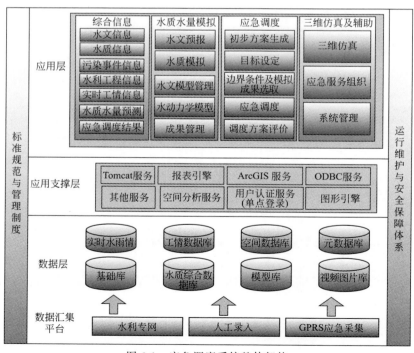

图 6-1 应急调度系统整体架构

（1）数据层　数据层是整个系统平台的基础。根据系统建设的要求，系统不仅需要调用相关的空间及其属性数据，还需要调用和管理其他模型的计算结果。主要包括基础信息、空间信息以及决策分析成果、专业空间分析和辅助决策模型、元数据等信息。模型类数据库是结合模型本身设计的专题数据库表结构，模型库将设计一套标准的数据库接口。

（2）应用支撑层　应用支撑层作为数据支撑层和应用层的中间件，为数据层和应用层提供接口和桥梁作用。采用二次开发环境提供系统运行的整体容器，运用 COM 组件技术和数据库操作服务作为业务和数据库访问接口，实现数据层和应用层之间的信息交互。

（3）应用层　应用层作为系统可视化展示和人机交互的平台，实现应急信息服务和辅助决策分析服务的可人机交互提供了三维场景的互操作的方式，展示结果包含图形、报表、地图等多种方式。

第二节　系统主要功能

一、应急调度子系统

（一）系统主要功能

应急调度子系统主要是利用水库群联合调度模型，根据预先设定的调度目标和调度规则，对生成的各种方案进行调度和成果的评价，给出针对特定污染事件和水文条件下的应对方案。主要包括信息管理、生成调度方案、设定调度目标和原则以及应急调度等功能模块；主要功能结构详见图 6-2。

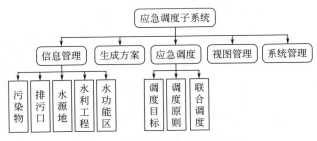

图 6-2　应急调度子系统功能图

（二）系统主界面

应急调度子系统主界面包括菜单栏、工具栏、状态栏以及主视图（包括网络图、二维 GIS 以及三维平台）等，具体见图 6-3。

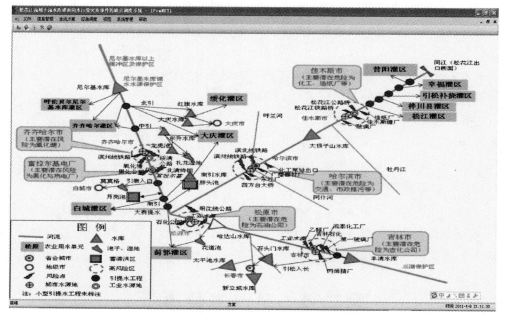

图 6-3　应急调度子系统主界面

（三）信息管理

信息管理功能模块主要对数据库进行增加、删除、修改、查询、数据的导入、导出以及打印等操作，主要内容包括污染物类型及特征管理、排污口管理、水源地管理、水利工程管理、水功能区管理以及水文站点管理等。信息管理具体界面见图 6-4。

（四）生成方案

生成方案功能模块就是根据污染物发生的初始信息（污染事件发生的时间、地点、污染物类型、污染物的数量等），通过方案库给出该污染事件的污染物特点、主要危害、影响范围、保护目标、应对措施和调度方案等一系列信息及调度策略，然后可以对设置好的事件和方案进行保存，为后续的应急调度提供基础。生成方案界面见图 6-5。

（五）应急调度

通过生成方案模块设置的污染物突发事件方案进行应急调度。应急调度功能主要包括三块，即调度目标、调度规则和应急调度。

（1）调度目标　调度目标功能模块主要是对各种类型的目标进行分级和设置，包括饮水安全、社会经济以及生态环境等几种类型。设定这些目标为调度结

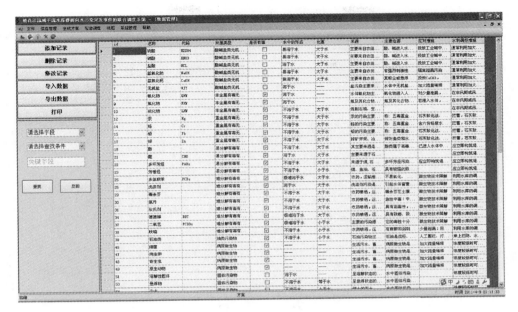

图 6-4　信息管理界面

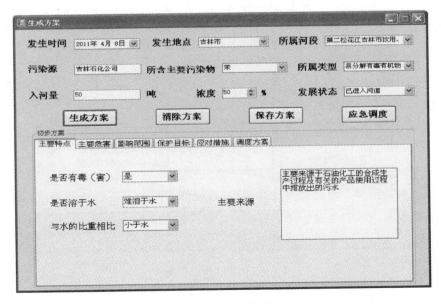

图 6-5　生成方案界面

果的评价提供了依据，其具体界面见图 6-6。

（2）调度规则　调度规则的设置是驱使应急调度的关键。水利工程的运行管理和调控都要通过调度规则进行控制。调度规则主要包括水库调度规则、供水规

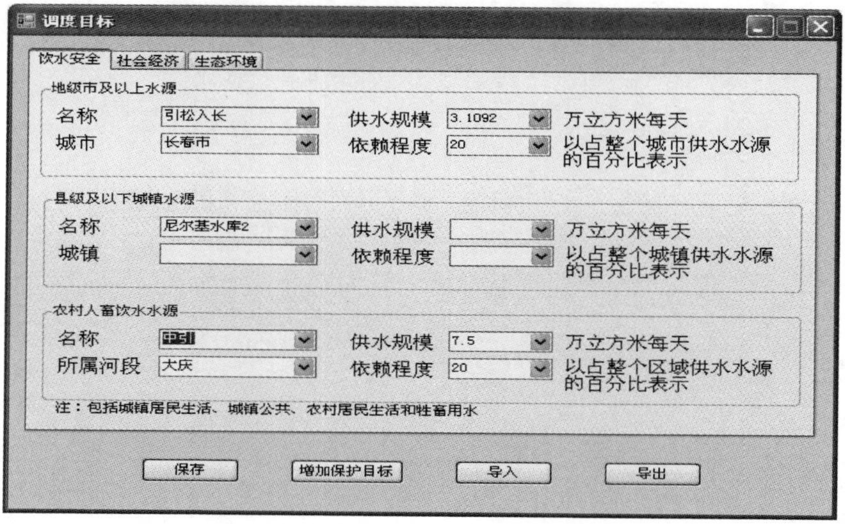

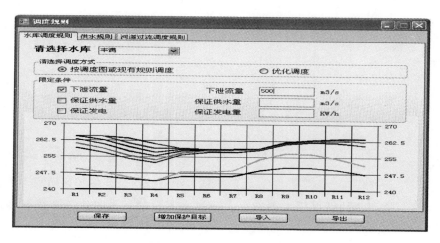

图 6-6 调度目标设定界面

则（包括供水优先序、污染事件发生后的可供水行业与供水流量等）、河道过流调度规则等，具体设定界面见图 6-7。

图 6-7 调度规则设置界面

（3）应急调度 应急调度是系统的核心，针对预先生成的调度方案，并根据设定好的调度目标与调度原则，通过与水动力学的相关耦合，给出不同方案的调度结果，包括水库调度结果、水库泄流过程、主要断面的流量过程、水质变化过程以及目标满足程度等，应急调度界面见图 6-8。

图 6-8　应急调度界面

二、三维数字仿真模拟子系统

（一）总体思路

（1）基于知识平台的应急服务组织模式　以知识可视化综合集成服务平台的应用组织模式为基础，对数据挖掘、图形绘制、事件触发、信息交互等服务进行组织，为动态的应急流程知识图提供功能支持。另外，对松花江流域水文信息、气象信息、地质信息、社会信息、人口信息、污染源信息、保护区信息等进行集成，并应用知识图的可视化表现能力，通过文本、网页、图片、影音等表现形式，构建直观高效的信息发布环境，为成功建立应急流程的知识图表做结构保障。

在知识可视化综合集成服务平台上，对突发水污染应急处理流程数字化处理，并分层次对处理流程中的关键步骤进行抽象，借鉴组件化设计思想和可视化程序设计理念，根据各步骤间的先后顺序及数据依赖关系，将处理流程绘制成知识图。并严格按照数据→信息→知识的发展过程，对数据进行实时的、全方位的集成，从中挖掘出可用部分形成底层信息支持，最后将获得的相关信息与知识图描述的步骤或操作相关联，构建动态高效的流程展现形式。通过标准的应用及数据接口，实现与3S集成化服务平台的互操作，借助模型计算、信息实时获取、人工参数设置等手段，为具体的应急流程提供可视化模拟演练环境，为评判应急方案优劣提供科学直观的手段。并在综合集成平台基础上，以"事件驱动"方式，采用知识、组件搭建突发性水污染应急指挥调度系统，提供应急指挥和决策服务，重点研究并建立水污染突发事件应急指挥调度应用组织的三种模式。

① 模式1：按应急处置流程的应用组织模式。将水污染突发事件的处置流程分成各个小模块，并封装成组件，从而提高处置速度，明晰处置流程，简化处置过程。支持数据表生成和过程线绘制、支持图片信息和视频信息、支持网页信息和文本信息等。

② 模式2：按应急模块的应用组织模式。基于应急模块模式的水污染突发事件应急决策平台构建模式，就是按照国家应急办制定的国家应急平台总体框架中所包含的八个业务应用来构建的。按照模块化的模式，把应急事件指挥调度及决策过程中所需要的各种信息分类组织，为应急事件的管理、指挥调度及决策提供服务。明确每个应急步骤的归属，从而可以快速查询应急详情，为决策提供服务。

③ 模式3：按情景方案的应用组织模式。按照情景方案来组织应用，可以明确每个步骤的应对策略，得到应对结果，从而快速做出决策。

（2）基于3S集成化服务环境的污染物运移模拟　基于3S集成化服务环境构建水利可视化基础平台，在此基础上开展水污染事件的污染物运移模拟与可视化服务，如图6-9所示。其底层为遥感影像数据和数字高程数据构造出空间区域内的地形地貌模型，并建立基本的水利实体要素的3D仿真和虚拟现实环境；然后通过WebGIS与遥感影像的无缝对接，形成一个3S集成平台，实现GIS与遥感影像的对接，增强GIS系统的服务效能；其后融合多种空间信息规范以及水利标准，以瓦片金字塔和数据中间件方式对空间信息资源和水利业务数据资源进行有效整合，提高数据的访问能力；最后在互操作综合服务环境的支撑下面向水利业务应用提供虚拟现实环境接口，进而支持的水污染事件实时监视、库区仿真、预警预案及应急响应等应用服务的实施。3S集成化服务环境在实现上，则首先建立投影变换并行算法，对遥感影像按影像金字塔模型要求进行切片，建设遥感影像瓦片描述及WMS服务环境，搭建面向3S集成化服务环境的WebGIS服务环境，建立空间影像瓦片索引及邻域检索机制和层次模型，实现视域内像素点及经纬度之间转换算法，并重点实现多种应用接口，包括3S集成互操作服务接口（如放大、缩小、平移）、空间信息更新维护接口、空间信息动态创建接口（如制作文本、绘制图元)、3S集成扩展控制接口(如飞行、定位)、整合业务资源的应用服务数据接口、非经纬度投影转换接口、GIS结合接口、高清晰影像接口。另外,在整个3S集成化服务环境框架中,还需要有效融合数据通信及交换协议,并建立缓存机制,保证信息展示过程的流畅性。

图 6-9　基于3S集成化环境服务模式

　　针对松花江水污染事件污染物运移模拟的实际需求,采用3S集成技术,在同一空间参照系下以不同分辨率进行存储与显示,形成分辨率由粗到细、数据量由小到大的瓦片金字塔模型结构。同时将DEM数据引入到污染物运移的计算分析过程中,更加细致地确定污染事件所研究区域的模型边界,提高模拟仿真精确性和实用性,进而结合高效能计算力和成熟源码,基于数字高程构造数字地形,实现GIS与遥感影像的无缝对接,建立交互操作、模拟仿真、水污染信息表现、虚拟视察、高清晰影像、飞行定位等相关服务接口。

　　(3)水污染突发事件模拟系统　采用现代网络通信、计算机、信息管理技术,借助GIS、RS、GPS等手段构建3S集成化服务环境,基于3S集成环境对水质的时空分布信息进行展示,为应急决策的制定提供直观且全方位的信息支持。采取空间一体化功能和信息融合机制,对水污染突发事件进行可视化仿真,实现流域内基础地理信息与3S集成环境的有机融合,实现对流域基础信息以及水污染事件信息的高效管理,并对重点断面、重要排污口等特殊点的信息进行展示。该子系统主要模块与功能如表6-1所示。

表 6-1　系统主要模块与功能

模块名称	功能描述
河道三维可视化	将河道基于经纬度方格进行三角化,利用DEM模型获取每个网格点的高程信息,对每个三角形进行空间渲染,实现河道的显示

续表

模块名称	功能描述
3S 集成化服务环境下三维场景交互	完成放大、缩小、拖动、飞翔等基本的交互操作
污染物扩散模拟	基于河道三角剖分,将污染物的迁移和扩散在 3S 集成化服务环境中形象地表现出来
统计分析	完成定点水质监测和污染影响分析工作
结果输出	以图像、文字、表格等形式将污染统计结果输出

(二) 主要技术

(1) 知识组件化应用模式

① 知识组件化　知识管理是以知识为核心,对知识进行有效的识别、获取、开发、分解、使用、存储和共享等一系列过程的管理。知识的组织方式一方面依赖于知识的表示模式;另一方面也与计算机系统提供的软件环境有关,在系统软件比较丰富的计算机系统中,可有较大的选择余地。原则上可用于数据组织的方法都可用于对知识的组织,但究竟选用哪种组织方式,要视知识的逻辑表示形式以及对知识的使用方式而定。组件技术一直被视为解决软件危机可行的途径。由于计算机硬件和编程语言等技术条件的限制,在过去的几十年内,虽然软件业一直没有放弃对组件技术的尝试,软件开发的主流思想也几经变革,但是基于组件技术的软件大规模重用尚未实现。

水利业务知识组件化的目的是使信息服务集成化、业务应用标准化、系统构建灵活化、应用系统个性化。水利业务组件化的目标是实现水利业务应用的具体化、标准化与组件化。具体化即水信息组件描述模型是在水利领域的业务需求分析时,使组件的抽取和分类具有操作性和具体化,为组件设计提供基础;一方面,采用 Web 服务进行水利组件的封装,Web 服务是标准化的组件封装方法,以此保证组件具有在其他系统中被调用的标准接口;另一方面,在水利领域提供水利业务数据之间的业务标准,保证应用在构建时的业务标准;组件化则是为了更好地构建应用系统,使得在综合集成平台上使用更为方便,应用扩展更为灵活,就需要使组件具有高内聚、低耦合的特点,尽量使组件的功能模块化。

② 知识组件开发步骤,主要包括以下三个过程。

系统分析和设计过程:根据系统需求建立系统模型,设计出系统的总体结构,并按组件开发规则,定义系统所需的组件,以及组件的接口说明和组件之间的交互协议。

开发组件过程:利用规定的接口来设计组件,根据需要进行软件编程重新开发组件，也可以将现有的软件稍加修改封装成组件，然后将所有要使用的组件装入组件库进行统一管理，以方便组件的装配使用。

组装组件过程：从组件库中选取合适的组件，按照组件接口所规定的标准或协议，用组装工具完成应用系统的连接与合成，最后对系统进行各种集成测试。

③ 水利业务知识组件化应用模式　水利业务知识组件化非常必要，而且也十分迫切。水利业务知识组件化的基本过程是，首先采用组件化技术将水利业务组件化、规范化和标准化，按照基于组件的软件开发方法进行水利业务组件的开发，通过 Web 服务的方式对组件进行发布，向用户提供服务。将水利业务组件化后，就必须明确组件的使用方式。由 Web 服务的特点可知，水利组件在通过 Web 服务封装形成 Web 服务组件后是平台独立的，也就是说水利 Web 服务组件独立运行在服务器端，与客户端采用的平台和语言环境无关。同时由于水利 Web 服务运行于服务器端，要使用水利 Web 服务组件，客户端还需要一个运行平台。这个平台的体系结构可以是 C/S（Client/Server）结构或 B/S（Brower/Server）结构，这两种结构是当今世界开发模式技术架构的两大主流技术。水利 Web 服务组件与平台无关，在这两种体系结构下都可以很好的应用。然后，结合水利业务应用的复杂性，采用富客户端（Rich Client）模式开发了一个支持知识可视化的综合集成平台，该模式能够克服 C/S 和 B/S 结构的一些缺点，同时能够满足水利业务的实际需求。

（2）知识可视化服务及表现　知识可视化服务是指应用知识图来构建和传送复杂的洞察力与知识。当前主要是为了建立与管理企业组织的知识而发展起来的一个新的研究领域；在这个背景下知识可视化主要用于人与人之间的知识传播。知识可视化与信息可视化的区别是，前者主要涉及人的认知、思维以及洞察力等，后者主要关于如何通过对于大规模数据的可视化分析，并获取新的关系或模式知识。

知识可视化是一个新兴的领域，实质是用图解的方法来描述人们的个体知识，形成可以直接作用于人的感官的知识的外在表现形式，知识可视化是以数据可视化、计算可视化和信息可视化为基础，从而促进知识的传播和创新，同时帮助增强知识密集型人群的交流。知识可视化的主要作用对象是人类的知识，可视化方式可以通过绘制的草图、知识图表和视觉隐喻等来进行，最终实现人人交互。

目前已有的知识可视化的主要工具包括概念图、思维导图、认知地图、语义网络、思维地图共五种。在一定程度上，知识可视化技术可以有效地将非结构化数据转化为半结构化或结构化数据。在信息或知识描述方面，采用知识可视化工具可以有效地对信息和专家知识进行合理描述，从而对于综合集成研讨厅专家研讨过程中数据、信息和专家知识的描述、获取，对专家知识进行合理评价及如何激励专家进行知识创造等工作具有重大的研究意义。通过知识图进行灵感性、特殊性、隐性和定性知识的形式化表示；以此知识图在激发专家的思维、定性隐形知识表示和存储方面具有优势。基于知识图的知识可视化服务及表现如图 6-10 所示。

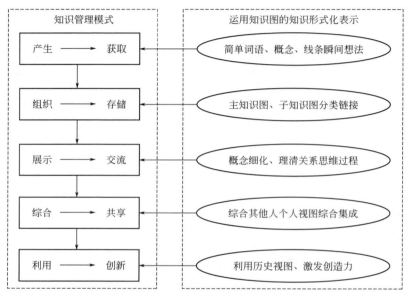

图 6-10　基于知识图的知识可视化服务及表现

知识图能够展现人的思维模式，能够把散乱的、无逻辑的信息变成彩色的、容易记忆的、有高度组织性的图形，并且具有强烈的个人色彩，因此它对于用户在进行隐性知识管理时所面临的隐性知识难以表达、稍纵即逝、个体化、非系统化等困难，能够在一定程度上有所克服。更为难得的是它能够把人们"看不见、摸不着"的想法外显出来，这对于隐性知识的获取、保存以及隐性知识在学习者之间的展示与交流，都具有非常重要的意义。知识图的绘制方式非常的简单和灵活，使得学习者用它来进行个人隐性知识管理非常简便，可操作性强。由于学习者隐性知识的管理过程是阶段性的，因此基于知识图的学习者隐性知识管理也应是循序渐进的，呈现出阶段性的特征。

① 基于知识图的产生与获取阶段　由于隐性知识的产生往往是转瞬即逝的，使得这种知识很难被及时记录下来。而利用知识图，则可以使头脑中无序存在的信息清晰化，用简单的词语、图像、色彩和线条迅速记录下瞬间的想法，或者是解决问题的思路和灵感，这在一定程度上实现了隐性知识的可视化、显性化。

② 基于知识图的组织与存储阶段　在此阶段，知识图可以用来对上一阶段学习者所绘制的知识图进行系统的过滤、分类和整理。根据不同的领域创建几个知识图，稍后可以用一个主知识图依据彼此之间的关联性分层、分类地将各个层次的知识图连接在一起，或是再分成不同的主题。可以完全根据个人的见解，组织成为最合理的知识架构。一个知识图可以管理所有的知识，而且这些知识以自定义的分类呈现，体现不同学习者之间的个性化特点。这种组织与存储方式可以使各种信息的管理及应用更加系统化，从而增加大脑运作的效率，并且这种系统的知识架构有助于日后对信息资料的快速撷取。

③ 基于知识图的展示与交流阶段　在学习者准备向别人展示自己的想法之前，知识图可以协助他们在准备时理清自己的构思，令演说更具组织性、更容易记忆。

④ 基于知识图的综合与共享阶段　因为思维导图能把人们"看不见，摸不着"的想法外显出来，实现隐性知识的显性化，所以使得隐性知识在个体之间的综合与共享更加容易、可操作。通过思维导图个体可以无限次地使自己原来的思维过程和知识结构得以重现，并且可以把自己的思维过程和知识结构拿出来与别人进行共享、交流，进而进行反思、总结，从而使个体对于自己的认知能力和认知活动能够有更加深刻的了解，不同的个体之间也可以学习和采纳别人的思维过程和见解，更加简便地把它们整合到自己的思维导图中，方便日后的管理和运用。

⑤ 基于知识图的利用与创新阶段　学习者积累了大量的隐性知识，并不代表隐性知识管理整个过程的结束，最重要的是将所积累的知识运用于实际问题的解决过程中，并在原有知识的基础上进行创新和发展。在解决问题时，通过绘制知识图可以使学习者系统地看待事物和思考问题，辨别和分清主要矛盾、次要矛盾，有效地提取和运用自己的隐性知识处理所面临的问题，进一步管理和发展自己的知识系统。由于知识图形成的过程是可视化和可操作的思维过程，并且具有无限的扩展性，因此它能使思维向四面八方发散，从任何角度捕捉新思想，从而激发思维的创造力，产生创造性思维和创新的方案，并且有利于学习者创新能力的培养。

（3）3S 集成技术　3S 集成技术是将 GIS、RS 及 GPS 三种技术根据实际应用进行有机融合，共有四种模式：GPS 和 RS 的集成技术、GPS 和 GIS 的集成技术、RS 和 GIS 的集成技术以及 3S 的综合集成。

① GIS 和 RS 的集成　GIS 主要提供水污染研究区域的地形、地貌状况，是水污染事件 RS 数据处理的辅助信息，同时 RS 也是 GIS 重要的数据源和数据更

新的手段。GIS 和 RS 两者的集成主要用于区域的遥感影像变化监测，可以对水污染进行实时的监控。

② RS 和 GPS 的集成　RS 中的目标定义需要依赖于地面的控制点，采用 GPS 将 RS 影像获取的瞬间空间位置进行同步记录，可实现无地面控制的遥感目标定位。

③ GPS 和 GIS 的集成　利用 GIS 中的电子地图和 GPS 接收机的实时差分定位技术，组建导航系统，实现水污染点、水源地及相关信息的定位。

④ 3S 技术的综合集成　"3S" 不是 GPS、GIS、RS 的简单组合，而是将其通过数据接口严格地、紧密地、系统地集合起来，使其成为一个更具有应用价值的大系统，三者之间相互作用形成了"一个大脑，两只眼睛"的框架。GPS 和 RS 向 GIS 提供研究区域的基础信息与空间定位信息，GIS 在获取相关的区域基础地理信息之后进行相应的空间分析，并从观测到的 GPS 和 RS 提供的大量区域基础数据中提取出平台展现所需要的数据。

（4）实验模拟方案　在知识可视化综合集成支持平台上，基于知识图构建水污染事件实验模拟方案。方案遵循水利信息服务和经验知识相结合的思想，通过把水利领域专家讨论环境引入系统中，利用积累起来并可共享的知识为决策支持提供整体化和细节化的服务，并把各种定性和定量分析模型的分析系统与知识成果有机融合在一起，真正实现定性与定量相结合，从而大大扩展了水利会商解决实际问题的能力。

基于知识图的水污染事件实验模拟方案的实施包括以下流程。

① 在基于知识图的水污染事件实验模拟方案提供面向决策分析过程的三类支持：研讨支持，数据访问和信息、成果集成支持，知识共享支持。

② 集成多方面的知识内容，使用知识图方式形象化表达决策分析过程，以便于更好的处理水利服务上的复杂问题。

③ 避免以一系列算法作为系统的主要实现目标，应重点针对水利综合服务应用建立有效、稳定的信息化服务支持，为进一步的分析决策服务。

④ 在基于知识图进行水污染事件实验模拟中，专家体系由参与研讨的专家组成，它是实验模拟方案的主体，是决策分析的主要承担者，因而实施的一个关键问题是保证研讨成果的存储与访问、研讨流程的保存与再现、知识信息的保护与共享。

⑤ 知识的建设涉及知识表达与抽取、知识的共享、重用和管理问题；针对这些问题，需要根据水利行业的具体需求建立知识访问控制规范，保证知识的标准化建设和安全有效的访问。

⑥ 基于知识图的水污染事件实验模拟是复杂的巨型系统，为了保证其实施，需要将其进行分解，由组件技术和容器技术为支撑，进行逐步实现。

（三）主要功能

（1）基于业务流程的应急事件表示　在知识可视化综合集成支持平台基础上，按照业务流程以知识图的方式对松花江水污染事件进行表示，基于综合集成平台的突发事件应急管理及指挥，可以针对不同的应急事件，采用知识图和组件，快速地搭建出突发事件应急管理及指挥系统，为突发事件的管理和处理提供决策支持和会商平台。根据实际需求，平台提供两种管理决策模式：一种是模块化的组织方式，即按照突发事件的特点和处置需求进行管理和决策；另一种是流程式的组织方式，即按照预先制定的突发事件处理流程来管理和决策的。

基于业务流程的应急事件表示是指将水污染突发事件的处置流程分成各个小模块，并封装成组件，从而提高处置速度，明晰处置流程，简化处置过程。按应急处置流程的应用组织模式如图 6-11 所示。

从图 6-11 可以看出，业务流程应用模式是按照人为处理突发事件的先后顺序来做的。人为处理事件的基本流程一般有以下几个步骤。

① 事件报告　事件发生后，应该首先向上级部门报告。

② 事件受理核实　上级部门对事件的真实性和具体情况进行核实并受理。

③ 向上级部门报告　向上级领导报告，以期得到处理办法。

④ 确定是否进入应急状态　由上级领导做出批示，是否进入应急状态和进入哪种级别状态。

⑤ 启动相应应急状态的应急预案并通知相关单位。

⑥ 专管领导进行应急会商，进行决策，拿出解决办法。

⑦ 下发处理办法和任务书，各单位执行方案。

⑧ 处理结果报告，是否结束应急状态，并告知相关政府部门。

以上 8 个步骤，每个步骤都需要处理大量的应急信息，以便为决策提供支持。突发事件的特点决定信息的组织要快，采用流程的组织模式能够快速地组织信息，并进行处理，从而为决策提供可靠信息支撑。

（2）规范化水污染应急管理服务　在知识可视化综合集成平台上，遵循国家对应急事件处理的规定，将松花江水污染应急事件管理服务划分为八大功能模块，分别对应八个知识图。在每个模块知识图的构建中，每一个节点下面都有相应的一个或多个组件，组件之间的连线代表数据流，每个组件可以连接一种信息，可以是文本、数据流，也可以是视频和音频或 GIS 数据。点击每个组件即可显示组件所连接的信息。在遇到突发事件时，平台的操作人员即可快速的组织

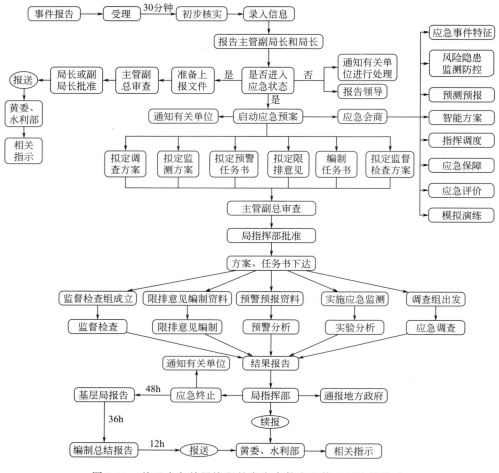

图 6-11　基于应急处置流程的突发事件应急管理及决策模式

搭建这样的信息，节省了时间，同时方便领导决策，为突发事件的管理和决策提供了一条新途径。

　　松花江水污染应急事件管理服务八大功能模块分别为：应急事件特征、风险隐患监测防控、预测预报、智能方案、指挥调度、应急保障、应急评价和模型演练。以上模块涵盖了传统应急指挥调度系统中的日常值守、预警管理、事件处置、辅助决策、后期处置、预案管理、资源管理等内容，通过综合集成平台实现信息的融合和集成展示。该管理服务最大的特点就是"事件驱动"，事件是应急指挥调度的主线，因此通过"事件驱动"的应急指挥调度模式更符合实际。松花江流域水污染应急事件指挥调度平台如图 6-12 所示，突发水污染事件应急管理主界面见图 6-13。

图 6-12　基于应急模块的水污染应急事件指挥调度平台

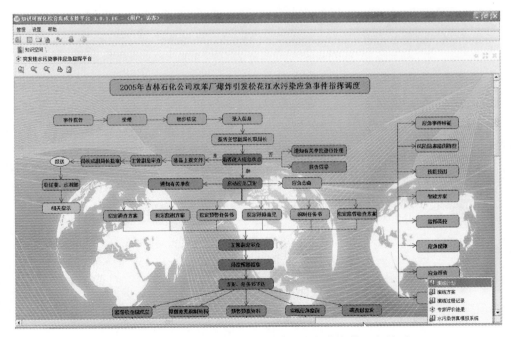

图 6-13　基于应急模块的突发水污染事件应急管理主界面

① 应急事件特征　应急事件特征模块的主要功能是对应急事件进行管理和基本特征的查看服务。在该模块中，点击"应急事件特征"节点，弹出应急事件

基本信息录入界面。在该界面下，分别输入当前应急事件的基本信息，点击"保存"按钮，该应急事件的基本信息将被存入水污染突发事件数据库。在应急事件指挥、调度及决策过程中，通过平台可随时调出应急事件的基本特征信息。水污染突发事件应急管理基本信息录入界面如图 6-14 所示。

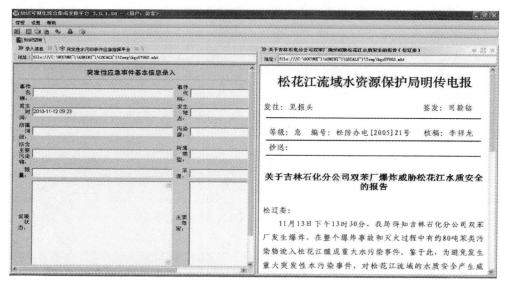

图 6-14　水污染突发事件应急管理基本信息服务录入界面

应急事件特征模块下的另一个功能是查看应急事件的基本特征信息，如事件名称、事件类型、事件等级、发生地点、发生时间、报送单位、报送人、报送方式、报送时间、事故起因、事件详细内容、前期处置情况、协调需求、事件状态等。在应急平台下，点击"应急事件特征"节点下的各个节点，就可以查看该应急事件所对应的特征信息。

② 风险隐患监测防控　风险隐患监测防控模块主要包括实时监测和统计分类两类服务，用于对事件的风险隐患进行检测和防控。也可根据需要再增加相应的功能服务。在实时监测模块下，可以根据水污染突发事件的具体特征（比如发生地点、污染物类别等），增加需要进行实时监测服务的相关内容，如河道实时监测信息、水库实时监测信息、水源地实时监测信息、水功能区实时监测信息、重要监测断面实时监测信息、取水口实时监测信息以及移动监测车实时监测信息等。风险隐患监测防控模块中实时监测服务展示界面如图 6-15 所示。

③ 预测预报　主要通过各种预报预测手段对突发事件的过程及结果进行预报，如分析预测、趋势发展预测、预测结果等。预测预报模块主要提供水污染突发事件的分析预测、趋势发展、预测结果查询等功能服务。在分析预报模块，可

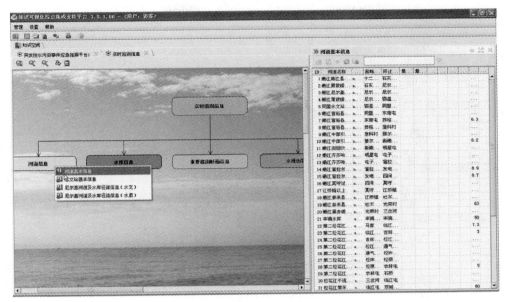

图 6-15　应急管理实时监测服务界面

提供河道、水库、重要断面、水功能区、水源地、取水口等区域的水质、水量预测，同时还可以提供气象、降雨等的预测功能。趋势发展模块提供水污染事件未来发展趋势的宏观预测，如可能影响区域、污染物浓度变化趋势等。预测结果包括提供各类预测结果的查询、分析、可视化表现的功能。预测预报模块展示界面如图 6-16 所示。

　　④ 智能方案　主要用于生产突发事件处置的相关方案，如应急预案、指挥流程等。智能方案模块主要包括应急预案、应急指挥流程等业务功能。应急预案模块的主要功能包括应急预案的数字化、应急预案的查询检索、应急预案的管理应用等。通过将应急预案数字化，建立应急预案数据库，实现数字预案。

　　⑤ 指挥调度　根据突发事件的相关信息，结合实时监测、统计分析、预报预测等结果，进行应急事件的指挥调度，指挥调度模块主要提供专业救援、预案执行效果、请求支援信息等服务功能。

　　⑥ 应急保障　应急保障提供突发事件处置的应急保障相关信息的服务。应急保障模块主要功能包括应急资源分布、应急资源状态等服务功能。应急资源分布主要提供物质储备、仓库资料、抢险队伍、应急通信等的分布情况。在平台上，通过 GIS 可以直观地查看水污染事件相关的应急物质储备、抢险队伍等的分布情况。应急资源状态服务可以提供物资、设备、人员等的数量、位置及其他相关信息。

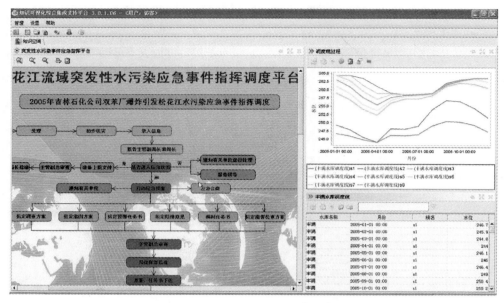

图 6-16　应急管理预测预报服务

⑦ 应急评价　根据突发事件处置的结果和效果，对应急指挥调度结果进行评价。应急评价模块是对水污染突发事件的影响及造成的经济损失、人员伤亡等的综合评价，通过建立水污染突发事件应急评价的数学模型及评价指标体系，可分别采用层次分析法、统计分析法、头脑风暴法、德尔菲法等对水污染突发事件进行综合评价。

⑧ 模拟演练　提供针对突发事件的模拟演练功能，主要功能包括演练计划的制订、演练方案的编制及查看、演练过程记录、演练结果评价等，模拟演练模块可用于日常的培训、演练。

（3）水污染应急调度方案的知识化服务　根据水污染突发性的特征，在实际处理时往往需要根据某个特定的主题进行知识图的绘制与表示。结合实际应用需求，在松花江水污染应急事件中，按照水污染应急调度的情景方案对相关应用进行组织，通过明确每个步骤的应对策略，得到应对结果，从而快速做出决策。

水污染应急调度方案的知识化服务首先需要根据应急调度的相关主题指定应用框架，在此基础上通过提供信息、计算结果、模拟验算以及经验性知识的形式，经过协商不断地调整框架，最终以形成一个或多个解决问题的预案而结束一次应用过程。应用过程中应当支持专家将信息、知识集成到应用过程中；支持经过迭代，逐步将定性知识转变为定量知识；允许经过多次的研讨→验证→定量化的过程，逐步将定性描述的知识转变为定量模型。知识图由概念、连接线、联系

（连接词或连接短语）和链接组成，可以表示成如下形式。

知识图::=｛＜概念"，"联系|连接词|连接短语"，"连接线＞[链接]｝

链接::=｛＜知识图|外部资源＞｝

外部资源::=｛＜模型组件|文档……＞｝

知识图可以通过概念、联系以结构化的方式有效地描述包含在自然语言中的显性知识，还可以通过链接来表现自然语言难以表达的内容。例如，链接资源可以是知识图，从而可以由简单的知识图开始，逐步构成复杂的知识图，实现知识的累积增长；链接资源还可以是各种定性知识，如具体的案例、图形、多媒体文档等形式来进一步描述，结合个性化信息表现方式，可以把隐藏在专家头脑中，难以用语言描述的定性知识表达出来；当定性知识经过研讨等环节逐步转变为定量知识，链接资源又可以表现为模型组件，通过模型集成实现定性模型到定量模型的转变。因此，知识图在组织描述关于复杂问题的知识具有较大优势，有较强的实时性、交互性和扩展性，是一种渐增长、增量式的知识可视化工具，可以作为应用过程的知识载体。

水污染应急调度方案知识图的绘制包括知识图编辑、知识图应用、模型集成、协作管理四个流程。

① 知识图编辑　知识图的编辑是平台的核心，平台通过知识图支持专家与专家、专家与计算机之间的知识、信息的感知、交流。在应用中，知识图又可以分为两类：一类适合专家对个人知识进行描述，建立个人知识图，实现知识的积累、传递；另一类是协作知识图，它是在个人知识图的基础之上，允许专家对知识图中的概念、联系等要素表达反对、赞成、关注等不同的态度，反映群体专家对问题决策方案的不同观点。因此，系统应具有对两类知识图进行编辑、制作的工具。

为了满足决策的需要，决策者一般情况下需要对信息资源进行加工、运用。在"量智、性智"的作用下，可能采用不同的运用方式，这其中蕴涵着知识主体的知识。例如，观察雨情信息这一活动，既可以用普通的数据表方式，也可以用雨量过程线的方式，还可以加上雨量累计曲线，这依赖于知识主体对作业活动的认知。因此应用中需要设计灵活的、易于扩充的用户接口，用以帮助决策者有效的表达对信息的运用方式，并在知识图中，运用链接的方式将这些知识与概念、联系等要素联系在一起。

② 知识图应用　在系统中所有的知识、决策方案都表现为知识图，因此知识的集成能力主要体现为对知识图的搜索能力。可以采用分布搜索技术，克服集中处理时的效率瓶颈。知识图是专家与群体专家智慧的体现，但其正确性却需要

通过实践加以验证，才能逐步的接近实际、发现规律；通过知识图的验证管理，对知识图所代表的决策结果进行评估，反映其与实际接近程度，实现逐步迭代；对群体研讨结果，通过一定的综合方法，对协作知识图进行处理，得到体现群体专家意愿的对决策问题的解决方案。

③ 模型集成　模型是描述系统的一般方法，定量化的知识可以通过模型组件方式进行描述，并通过链接与知识图联系在一起。在公共概念与类型系统的支持下，通过加载知识图，实现自动化、半自动化决策结果输出。其功能核心包括两个方面：一方面，是模型组件的创建、发布等管理功能，基于可视化的人机接口，专家可以采用直观的方式对定量模型组件进行描述；另一方面，是由模型组件构成定量模型，组件要进行有效集成，其核心是需要公共概念与类型系统，通过采用一些标准的组件标准，可以比较方便地建立公共类型系统，但是公共概念系统需要与模型集成系统紧密相连，因此需要建立与知识图相适应的公共概念管理模块。

④ 协作管理　基于 XMPP 协议，对研讨的主题、参与的专家进行统一的协调、管理（如注册、主题设置等），为专家基于知识图进行的协作研讨、合作提供支持。

根据上述流程，在知识可视化综合集成支持平台上制定了松花江流域水污染突发事件的联合调度方案，如图 6-17 所示。

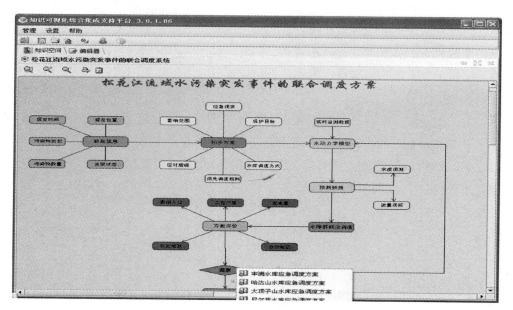

图 6-17　松花江水污染突发事件联合调度方案

（4）水利 GIS 与 3S 服务环境融合　　在 3S 集成化服务环境上开展松花江水污染事件的信息展示与污染物运移模型。平台以 3S 集成为基础，采用瓦片金字塔技术，构建基础模拟平台，遵循 OGC 规范的空间地图、遥感影像、数字地形服务，实现水利 GIS 数据在平台上的有机融合与综合展示。

① 3S 集成　　GIS 能够提供数字高程模型、地形地貌等 GIS 数据，RS 能够提供影像数据、特定区域的高清卫星遥感数据，GPS 能够提供定位信息、路径分析数据。3S 的有效融合，可以实现基础地理空间数据的采集与处理、并通过现代通信方式，构建数字化数据库平台及虚拟环境，通过数学模型进行模拟、分析及研究。根据松花江水污染事件实际需求，本项目分别对 GIS 与 RS，GIS 与 GPS 进行融合。

GIS 与 RS 的融合，即通过将 GIS 与 RS 影像数据进行融合，如图 6-18 所示，可以进一步增强 GIS 的空间表征能力，通过与 GIS 的结合将基本 RS 影像服务扩展为应用服务，为 RS 影像赋予元数据信息，提高 3S 集成化服务环境与遥感影像的互操作性能和展示效果，实现遥感影像的精确定位，同时为应用数据资源结合提供系统服务效果。

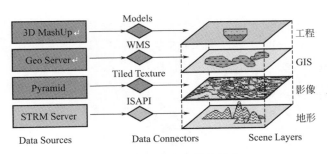

图 6-18　GIS 与 RS 影像融合

GIS 与 GPS 的融合，即在 3S 集成服务环境中，通过 GIS 与 GPS 的融合，实现指定地点的定位与查询，通过构建定位接口，实现按照地名和按照指定经度和纬度值两种情况下的定位服务，为污染物模拟和应急调度提供及时准确的空间信息，如图 6-19 所示。

② 图层管理　　面向水污染突发事件的基础地理信息、污染物基本信息图示以及 3S 集成化服务环境基础应用，采用图层的形式进行管理。污染物运移模拟平台采用专门的用户界面对这些应用图层进行统一的管理，用户可以通过操作界面对图层进行相应的操作，并加载到平台的"功能区"供不同用户使用。

③ 瓦片金字塔　　瓦片金字塔是指在同一空间参照下，用户根据需要以不同

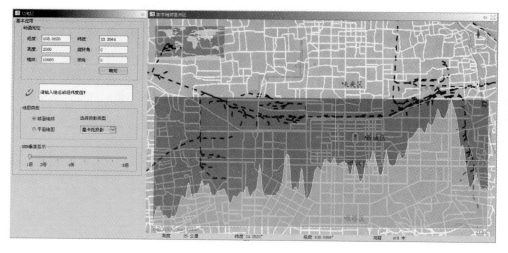

图 6-19　平台上 GPS 空间定位

分辨率进行存储与显示，形成分辨率由粗到细、数据量由小到大的金字塔形结构。影像金字塔层次结构包含多个数据层，底层存储原始的分辨率最高数据，随着金字塔从下到上层数的增加，数据的分辨率依次降低。若对影像金字塔抽象，则可看作是一个与滤波和采样相关联的迭代变换过程，该迭代过程能够将原始的影像数据分解为不同分辨率的瓦片影像（如图 6-20 所示）从而适合栅格数据、影像数据及 DEM 数据等的多分辨率组织。

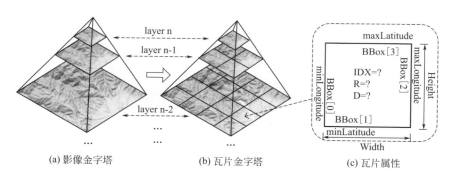

（a）影像金字塔　　　（b）瓦片金字塔　　　（c）瓦片属性

图 6-20　影像金字塔模型

在 3S 集成化服务环境下，瓦片影像则是各种空间信息、影像信息以及渲染到地球球体模型表面的最小单元。它由固定大小的栅格影像组成，并由一个六元组〈IDX，D，R，W，H，BBOX〉表示。通过瓦片影像则能够构造一种多分辨率层次模型（以 XML 方式描述），它能够在统一的空间参照下，按分辨率级别建立一组遥感影像或高程数据，将整幅的影像或 DEM 数据分割成块进行存放，并按照经纬度记录建立子块位置的空间索引，以响应不同分辨率数据的访问和存储需求，从而通过空间代价换取时间代价，提高 3S 集成化服务环境的访问效率。另外，影像金字塔所提供的分层数据管理技术，可以轻松胜任海量地理数据的组织管理工作，并容易实现与数据内容、显示区域无关的多分辨率流畅显示。图 6-21 是对水库库区高清影像数据进行瓦片化后，按照经纬度建立每个瓦片的空间索引值，实现库区不同分辨率数据的存储和访问需求，并通过影像金字塔方式提供的水库库区地形地貌。

图 6-21　水库库区高清地形地貌

　　④ 水利 GIS 数据与平台的融合　3S 集成化服务环境与 GIS 数据集成是以 WebGIS 服务为基础，将空间数据转化为标准的经纬度投影后，采用 OpenGIS Consortium（OGC）规范接口所提供的 WMS、WFS 等服务实现。WMS 是提供一种将矢量数据转化为栅格数据的规范化操作方法，分别使用 GetCapabilities，GetMap 及 GetFeatureInfo 三个互操作协议实现对地理信息资源的访问操作。其中 GetCapabilities 为返回当前 WebGIS 服务器所能提供的空间数据资源的元数据描述，GetMap 则获取一定区域（BBOX：Bounding Box）范围的空间数据，该空间数据由多个图层叠加构成，也可以配备多种图层样式；GetFeatureInfo 则为返回特定实体的属性数据，以便于实现专题图服务。

　　在实现时，首先将 GIS 数据以 shp 文件方式存储到 WebGIS 服务器下，配置地理信息的字符集为 UTF-8 与 GB2312 兼容，指定插值方式为临近插值或者双线性插值，设置投影方式为 EPSG：4326；3S 集成化服务环境客户端在请求 WMS 时，通过 http：//host：port/server/ows? service＝WMS&request＝Get-Capabilities 方式发送 GetCapabilities 操作从 WebGIS 服务器端获得各图层的元信息描述，该元信息采用 XML 方式给出，经过解析即可得到 WebGIS 服务器上存储的地理空间信息，然后根据所访问的图层、样式和空间区域发出 GetMap 请求，在给定输出格式、图片大小和背景色等信息的情况下，从 WebGIS 服务器上获得一副栅格化后的地理空间图片。该图片大小应与影像瓦片的大小相同，以便于直接将其渲染到 3S 集成化服务环境的地貌表面上，否则还需要对 GIS 栅格图片进行瓦片化处理。另外，如果用户还需要获取栅格图片上的 GIS 实体信息，则只需要附带查询点的经纬度方式发送 GetFeatureInfo，即可获得以 XML 方式或纯文本方式返回的多小节的属性描述信息。如图 6-22 所示为水利 GIS 中的水库、湖泊、测站、行政区划、流域、水系、注记、公路、铁路、河道堤防等应用图层叠加后的展示效果。

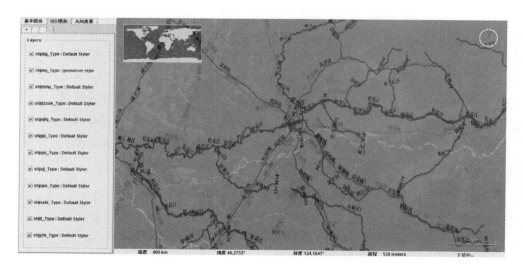

图 6-22　水利 GIS 与平台的融合效果

（5）水污染事件信息标示　在松花江三维水质模拟平台上，对水污染事件的基础数据和成果性数据进行高效组织与管理，对水污染事件基本信息进行标示，采用上述图层管理机制，通过不同的图层叠加实现多同源信息的展现。

事件标示信息主要包括水源地、监测断面、调控措施、取水口及排污口等，如图 6-23 和图 6-24 为水污染事件水源地和入河排污口信息在平台上的标示效果。

根据水污染事件污染物运移模拟，选择某种污染物，在平台上进行实时的模拟，结合在平台上实现的水污染事件基础信息的标示，可以对某个特殊部位水质情况进行查询。图 6-25 为受污染前后取水口在平台上的标示。

为了给用户最为直观的表示，便于进行决策，在平台上采用报警的形式对污

图 6-23　水污染事件水源地在平台上的标示

图 6-24　水污染事件入河排污口在平台上的标示

染事件中污染点或者污染源的信息进行标示。如图 6-26 所示为污染事件预警标示。

（6）污染物运移仿真模拟　基于松花江三维水质模拟的污染物运移仿真包含三个方面的内容：河面三维仿真、影像数据展示和污染物扩散运移可视化，三者通过地理空间坐标相联系形成污染物扩散运移可视化展示平台，在此基础上进行各种统计分析功能。突发水污染模拟系统结构如图 6-27 所示。

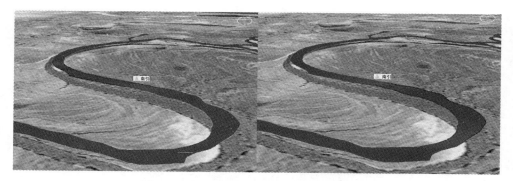

图 6-25　受污染前后取水口在平台上的标示

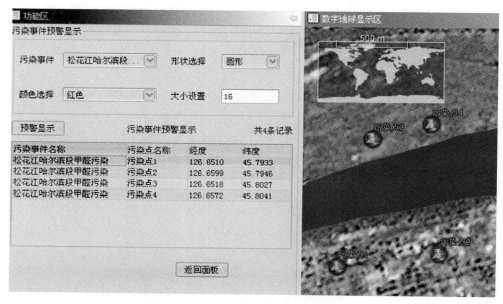

图 6-26　污染事件预警标示

① 污染物色阶及其可视化表示　通过拟合获取网格点的污染物浓度后，进行水质的仿真可视化。水质仿真可视化是指通过图形图像的方式对水质模型仿真过程进行跟踪、驾驭和结果的显示，同时实现整个过程的可视化，提供迅速、直观、高效和形象的模型展示效果。项目所述仿真可视化过程借助 3S 集成化服务环境来实现；用户可以通过鼠标在屏幕上直观形象进行操作（开始、暂停、加速、减速等），根据实际需要控制整个仿真过程。污染物浓度与展示颜色之间的映射是可视化过程中的核心，其含义是把计算机数值模拟的数据转换为可供绘制的几何图素和属性，它决定在最后的图像中应该看到什么，又如何将其表现出来。

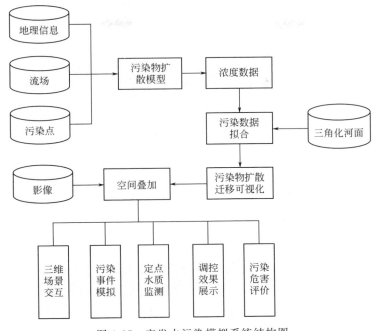

图 6-27　突发水污染模拟系统结构图

水质按被污染程度划分为 5 个等级，分别为一类水、二类水、三类水、四类水、五类水。高锰酸盐指数（COD）浓度一类水为 0～2.5，二类水为 2.5～4.0，三类水为 4.0～6.0，四类水为 6.0～10.0，五类水为 10.0～15.0。最好的水质为一类水，如图 6-28 所示，越向右表示被污染的程度愈高，右端表示污染程度最严重的五类水。根据颜色和浓度的映射关系，将网格点着色，然后以三角形为单位，利用三个顶点的颜色信息进行平滑渲染，实现浓度信息向图像信息的转化。多组浓度值映射成一个图像序列，根据它们的时序和时间间隔，将这些真彩图像序列播放成动画，即实现了水污染过程中污染物的扩散演进的模拟。

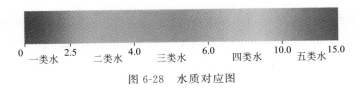

图 6-28　水质对应图

② 污染物信息分析统计　突发水污染影响面积广、危害大、发展瞬息万变，在污染发生后，需要根据污染物发展状态制定应急方案，最大限度地降低损失。使用三维图形图像技术模拟污染物运移和扩散可以为应急方案的制订提供直观、形象和全景式的信息支持，但污染过程中的某些定量信息也很重要，例如对某个

特定取水口的保护措施制订中，决策者需要了解的信息是取水口开始被污染的时间、污染物浓度达到峰值的时间以及水质达标的时间，所以还需要提供污染信息的分析统计功能，主要包括定点污染统计和重度污染区影响统计分析。

定点污染统计，即水面上某一确定点在污染事件发生后其污染物浓度的变化，这里可以直接对污染扩散模型计算出来的某个时间点的成果文件进行分析。实际计算时，在成果文件中找出定点所在的三角形，然后根据三角形顶点差值计算出定点的浓度值。利用这种方法计算出各个时间点的浓度值，按照时间序列绘制浓度变化曲线，从而可以直观地看到定点水质的变化过程，为应急方案制订提供定量的数据支持。

重度污染区影响统计分析，即在特定时间点对四类、五类水影响区域进行分析统计，主要包括影响到的取水口、灌区和生态保护区等。首先，将浓度达到四类水及其以上的网格点找到，获取重度污染区域（不止一个）；然后，获取各个区域的边界（由网格点组成）。最后根据这些重度污染区域的边界对保护对象进行筛选，即可得到该时间点被重度污染的保护对象。这些信息可以帮助决策者判断污染事件的危害和影响程度，做出正确的决策，尽可能降低重要保护目标的受污染程度。

③ 基于视域的数据动态加载　水质模拟过程中，网格点对内存的耗费是不可忽视的。一个待模拟的网格点包括经度、纬度和颜色。经度和纬度使用浮点数表示，颜色使用 RGB 值表示，故一个点占用 28 个字节。如果纬线和经线的间隔都取为 5m，对 50km 长，平均 300m 宽的河道进行剖分，一个时间点的数据需要占用 16MB 的空间，这样大的数据量在两幅图像更替的时候必然导致画面的延迟，然而水质仿真需要达到平滑的颜色渐变效果，对实时性要求较高，是不允许出现延迟现象的，并且在 3S 集成化服务环境下，人们能观察到的是一个视域范围内的图形图像信息，视域外的信息对用户是没有任何意义的。于是考虑对网格点数据进行基于视域的动态加载和卸载，在视域刷新的时候，判断当前视域经纬度的最大值和最小值，只有处于这个范围内的信息才被加载，反之则被卸载。通过这种数据动态加载的方法，实现了内存使用量的降低，从而达到了画面的流畅播放。获取视域经纬度范围的关键代码如下所示：

```
double minLon＝dc.getVisibleSector().getMinLongitude().getDegrees();//最
小经度
double maxLon＝dc.getVisibleSector().getMaxLongitude().getDegrees();//最
大经度
double minLat＝dc.getVisibleSector().getMinLatitude().getDegrees();//最小
```

纬度

　　double maxLat＝dc. getVisibleSector（）. getMaxLatitude（）. getDegrees（）；//最大纬度

　　（7）流场造型及可视化表现　为了更好地预测污染物的走向和浓度时空演变，在3S集成化服务环境下实现污染物时空分布模拟的同时，基于可视化思想，对流场进行造型并将其同步显示在3S集成化服务环境中。流场采用长度可变的"箭"（→）表示，箭头的实际方向代表了流场的方向，箭身的长度则代表了流场流速的大小，箭头和箭身的颜色、箭身线宽、箭头宽度可以进行个性化的设置。另外可以根据模拟区域的地形地貌特征以及河道实际流量的大小来设置"箭"的高度补偿（h）和流速比（vd）。高度补偿是流场在绘制时相对于地面的高度（m），合适的高度补偿可以有效地防止地形遮盖和达到美观流场的效果。流速比是3S集成化服务环境下对流场流速进行描述的比例尺度，采用可变的流速比可以防止因基础流速相差悬殊而造成的可视化效果不佳的问题。如图6-29为基于平台的流场可视化操作界面。

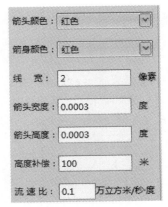

图 6-29　基于平台的流场
可视化操作

　　（8）多样化辅助互操作　为了辅助水污染运移模拟，在平台上实现了飞翔视察、几何度量以及剖面分析等多样化的辅助操作功能。

　　通过 GPS 得到指定水污染事件控制点的经纬度及高程信息，将多个控制点的路径以路径文件格式进行存储，在平台上实现动态飞行浏览，对水污染事件进行三维可操作浏览。结合地形剖面功能，实现不同高程及不同飞行速度情况下路径的动态剖面展示。实现路径的实时绘制、修改、保存及删除功能，并在指定位置进行动态标注。如图6-30为基于平台的三维虚拟视察界面。

　　根据用户实际应用需求，在平台上实现指定区域的几何度量分析，通过这个功能能够实现特定区域的周长、面积、长度、宽度以及中心位置等信息的实时查询，给出线段、多线段、多边形、圆、椭圆、正方形及长方形七种模式，用户可以对度量的操作形式、色彩以及是否能够查询控制点信息进行控制。基于平台的几何度量如图6-31所示。

　　在平台上通过绘制剖面图可以对指定区域内的地形地貌状况进行直观的展示。传统地形剖面的绘制以二维为主，根据区域的 DEM 数据先确定剖面线，再计算剖面线与 DEM 所有网格的交点，进行插值处理，依次连接相邻交点，进行

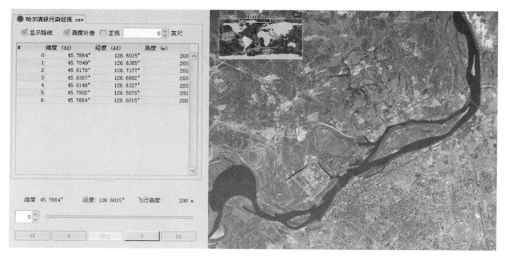

图 6-30　基于平台的三维虚拟视察界面

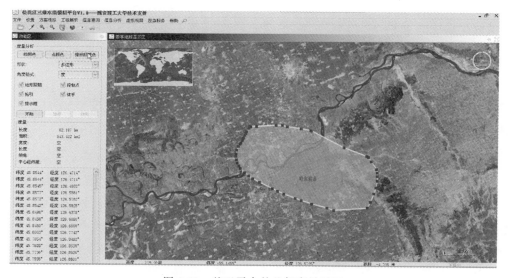

图 6-31　基于平台的几何度量界面

光滑处理，从而得到剖面线。在三维地形基础上，实现自动绘制两点之间的地形剖面图，根据鼠标取点方案（鼠标动态取点、视角取点、固定点等），得到指定点的经纬度值，根据经纬度求取高程值，得到距离和高程的三维参数之后，以距离为横坐标，高程值为纵坐标，连接所有高程值点，便得到指定区域的剖面图。图 6-32 所示为基于平台的剖面图服务。

（9）一体化应用集成服务　在知识可视化综合集成支持平台上，采用知识图的方式实现了松花江水污染事件应急指挥与调度服务。在松花江三维水质模拟系

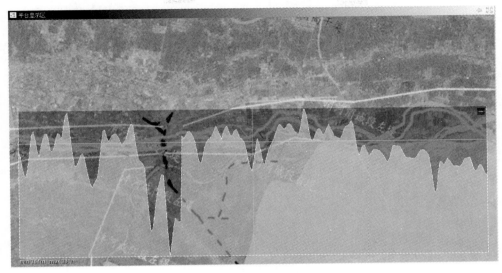

图 6-32　基于平台的剖面图服务

统中能够对事件的基础信息进行展示，在此基础上，进行水污染事件中不同污染物随时间变化的动态模拟。为了便于用户操作与管理，通过一体化应用集成模式，将基于知识可视化综合集成支持平台的知识图服务和基于三维水质模拟系统的信息展示与动态仿真视为一个整体，通过统一的界面进行管理，面向松花江水污染突发事件开展相关的应用与服务。如图 6-33 所示为松花江水污染事件一体化应用集成服务界面。

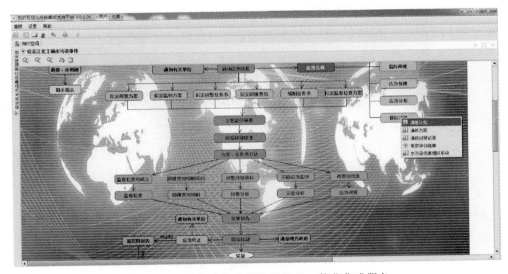

图 6-33　面向松花江水污染事件的一体化集成服务

第七章

总结与展望

一、主要成果

（一）研究成果

（1）对水污染突发事件进行了剖析　分析和提出水污染突发事件特点、性质、危害及对策。通过对文献资料的查阅和对近年来我国发生的水污染突发事件的总结，给出了水污染事件的分类、特点、性质及其主要危害，并分析典型案例，给出一般的应对措施。

（2）提出了水污染突发事件风险识别方法　根据《松花江区水资源综合规划》及水利普查、遥感图像和道路交通图等，调查统计并识别汇总松花江干流和重要支流水污染风险源 1755 处，包括排污口 1178 处、道路交通桥 330 处以及潜在源风险源 247 处；提出松花江流域突发污染风险评价指标体系及评价方法，给出松花江主要干支流风险源分级和分类，绘制突发污染风险图。

（3）提出了多级防控体系　按照"小事故不入河、中事故不入干、大事故不出境"的总体防控目标，构建由 1100 个四级防控措施（排污口及堤防段）、330 个三级防控措施（桥梁或堤坝）、350 个二级防控措施（重点中型水库）和 17 个一级防控措施（大型水库和蓄滞洪区），组成的松花江流域水污染突发事件多级防控体系。

（4）构建了面向水污染突发事件应急调度成套技术　以水质调控为主要目标，综合考虑防洪、供水、发电、航运等约束，基于松花江水质水量模拟模型，构建面向水污染突发事件的水量水质耦合、水动力学模型和与之耦合的多水利工程（水库、蓄滞洪区、引提水工程等）联合应急调度模型，实现了不同调度方案下全时段（冰封期、枯季、汛期）、任意地点的典型污染物（溶于水、浮于水和沉于水）水质水量全过程调度仿真演算，为应对水污染突发事件提供一种量化决策工具。

（5）研发了面向水污染突发事件多级防控的应急调度决策会商平台　基于应急调度模型与水动力学模型，研制了松花江流域面向水污染突发事件的应急调度决策支持与三维展示平台，实现了集信息服务、水质水量模拟、应急调度、三维仿真、决策会商和系统管理等功能于一体的松花江流域面向水污染突发事件的应急调度决策会商平台。

（二）技术突破

本课题根据松花江流域特点，研制了一套基于松花江干流水动力学数字仿真与水利工程联合调度功能于一体的水质水量"模拟-调度"耦合模型，搭建一个集数据库、模型库与人机交互界面等于一体的应急调度决策支持系统和三维展示平台，为干流应急调度和确保沿岸饮用水安全提供支撑。其主要技术突破和创新点体现在以下两个方面。

（1）调度模型与河流水动力学模型的有机耦合，实现了全时段（冰封期、枯季、汛期）、任意地点的典型污染物（溶于水、浮于水和沉于水）的模拟和调度，通过该模型实现了推荐调控方案或给定调控措施下各种水利工程的联合调度结果，以及模拟预报期内各个断面污染物浓度、水位、流量等预报结果，实现了不同调度方案下的水质水量全过程仿真。

（2）面向水污染突发事件的水利工程联合调度模型。以突发事件为主，综合考虑防洪、供水、发电、航运等目标，按照"预报→调度→后评估→滚动修正"的思路构建了应急调度模型。该模型针对不同时间、污染物类型、发生地点给出推荐的调度措施，基于各个水利工程和水库的调度规则，以水动力学模型为基础进行多目标、多工程、多时间和空间尺度的应急调度，并给出推荐方案，建立了松花江干流面向水污染突发事件的应急调度方案和措施库。在此基础上创造性的开发了三维水质水量模拟与调度系统平台，为应急调度和决策会商提供了支撑，填补了我国流域级面向水污染突发事件的水质水量耦合模拟与调度模型和系统的空白。

二、展望

（1）不断完善面向水污染突发事件的多水利工程联合应急调度模型　面向水

污染突发事件的应急调度是一个涉及多目标、多工程、不同时间和空间尺度相互嵌套的水质水量联合调度，本书研究构建了基于水动力学等方法的水质水量模拟和多水利工程的联合应急调度模型，但在模型应对特殊性污染物（重金属、放射性物质等）模拟和处置方面尚缺少参数率定和模型验证基础，在模型调度结果评估方面缺少深入研究和实践的检验，这些方面都将是未来持续研究的重点。

（2）强化应急调度决策会商平台的业务化水平　本书研究搭建了一套集信息服务、水质水量模拟、应急调度、三维仿真、决策会商和系统管理等功能于一体的松花江流域面向水污染突发事件的应急调度决策会商平台。同时，考虑到系统平台的开发是一个循序渐进不断完善的过程，需要在实践和应用中不断总结和持续改进完善。随着系统平台长时间尺度的测试和运行，或需要与松花江流域水资源保护、水文监测预报和流域应急调度等业务系统的无缝对接，以便更好地支撑松花江流域科学管理与优化调度，这也是未来的工作重点。

（3）技术体系的应用推广　本书研究是以松花江流域为研究对象，构建了面向水污染突发事件多级防控的应急调度成套技术和面向水污染突发事件的一整套应急调度决策会商平台，取得了较好的示范应用效果。我国幅员辽阔，七大江河流域面对的水污染突发事件差异较大，希望本书研究成果能在其他流域推广应用，为提升我国流域机构应对水污染突发事件的科学决策能力提供技术支撑。

参 考 文 献

[1] 于凤存，方国华，高玉琴．城市水源地突发性水污染事故思考．灾害学，2007，22（4）：104-108．

[2] 徐兴东．流域突发性水污染事故风险应急防范系统研究．兰州：兰州大学，2008．

[3] 谭见安，等．地球环境与健康．北京：化学工业出版社，2004．

[4] 刘砚发，魏复盛．关于突发性环境污染事故应急监测．中国环境监测，1995，11（5）：59-62．

[5] 子云．中国水利百科全书环境水利分册．北京：中国水利水电出版社，2004．

[6] 贤荣，徐健，等．GIS与数模集成的水污染突发事故时空模拟．河海大学学报（自然科学版），2003，31（2）：203-206．

[7] GB 18218—2009．中华人民共和国国家标准重大危险源辨识．

[8] 刘国东，宋国平，等．高速公路交通污染事故对河流水质影响的风险评价方法探讨．环境科学学报，1999，19（5）：572-575．

[9] 何进朝，李嘉．河流突发性污染事故风险评价方法的探讨．水道港口，2006，27（4）：270-273．

[10] 吴宗之，刘茂．重大事故应急救援系统及预案导论．北京：冶金工业出版社，2003．

[11] 崔大为．突发性水环境污染事故监测点的布控技术．中国环境监测，1999，15（3）：52-53．

[12] GBZ 230—2010，职业性接触毒物危害程度分级．北京：中国标准出版社，2010．

[13] 郁建桥．三种环境污染事故应急监测仪器的比较．分析仪器，2007，1：60-61．

[14] 彭祺，胡春华，等．突发性水污染事故预警应急系统的建立．环境科学与技术，2006，29（11）：58-61．

[15] 陆曦，梅凯．突发性水污染事故的应急处理．中国给排水，2007，23（8）：14-18．

[16] 张希斌，孙昌友，边博，等．水源地突发性污染事件应急处理—以温岭市湖漫水库为例．水资源保护，2008，24（5）：76-78．

[17] 严志宇，殷佩海．溢油风化过程研究进展．海洋环境科学，2000，19（1）：75-80．

[18] ROULIA M，CHASSAPISI K，FOTINOPOULOS C. Dispersion and soprtion of oil spills by emulsifier～modified expanded perlite. spill Science & Technology Bulletin，2003，8（5）：425-431．

[19] 曾德芳，罗亚田，张科．高效快速溢油回收处理技术探讨．武汉理工大学学报，2003，5（7）：48-50．

[20] 夏永明，孙良康．石油储运过程环境污染控制．北京：中国石化出版社，1992：146-177．

[21] 赵如箱．溢油应急反应中的现场燃烧技术．交通环保，2002，23（3）：39-42．

[22] 张青田．生物技术在海上溢油处理中的应用．海洋环境保护，2005（2）：14-16．

[23] 李永棋，黄健．用细菌清除近岸海域油污染的研究．生物技术进展，1995，15（2）：14-18．

[24] 张建平．邱庄水库突发水污染事件防护调度应急预案探讨．现代企业文化，2009（15）：132．

[25] 张维新，熊德琪，等．工厂环境污染事故风险模糊评价．大连理工大学学报，1994，34（1）：38-44．

[26] 卜继勘，李建坤，程向阳．干旱期水资源调度经济补偿机制初步研究．湖南水利水电，2007，2：43-44．

[27] 阮本清，魏传江．首都圈水资源安全保障体系建设．北京：科学出版社．2004．

[28] 王浩，刘玉龙．建立和完善水生态与环境补偿机制//中国水利学会．节水型社会建设的理论与实

践. 北京：中国水利水电出版社，2005：513-518.

[29] 孙亚男，谢永刚. 松花江流域重大水污染灾害的补偿机制探讨. 黑龙江水专学报，2008，35（3）.

[30] 曾文慧. 越界水污染规制——对中国跨行政区流域污染的考察. 上海：复旦大学出版社，2007.

[31] 赵来军. 我国流域跨界水污染纠纷协调机制研究-以淮河流域为例. 上海：复旦大学出版社，2007.

[32] 高永志，黄北新. 对建立跨区域河流污染经济补偿机制的探讨. 环境保护，2003，（9）：45-47.

[33] 刘永良. 任锦丽，孟晋晋. 建立城市水污染补偿机制的创新分析. 科协论坛，2007，（5）：46-48.

[34] 闫海. 松花江水污染事件与流域生态补偿的制度构建. 河海大学学报（哲学社会科学版），2007，（1）：22-25.

[35] 梁才贵. 水环境保护中建立行政区域补偿机制的思考. 中国水利，2005，（18）：11-13.

[36] 孙亚男，王茜. 重大水污染灾害对企业经济的影响——以松花江水污染事件为例//灾害经济学研究文集：第二辑. 哈尔滨：东北林业大学出版社，2007：83-88.

[37] 潘娟，谢永刚. 越境污染及区域减灾合作价值的经济学分析//灾害经济学研究文集：第二辑. 哈尔滨：东北林业大学出版社，2007：89-99.

[38] 姚庆海. 巨灾损失补偿机制研究—兼论政府和市场在巨灾风险管理中的作用. 北京：中国财政经济出版社，2007.

[39] 柴福鑫，谢新民，等. 面向水污染突发事件的水库群联合调度研究. 第十四届海峡两岸水利科技交流研讨会，2010.

[40] 杨丽丽，谢新民，叶勇. 辽宁省石佛寺供水系统风险分析及其风险规避措施. 水利经济，2010，28（2）：51-54.

[41] 柴福鑫，张世宝，谢新民. 城市水资源实时调度与管理理论框架研究. 水利学报，2009，40（3）：340-347.

[42] 叶勇，谢新民，柴福鑫，等. 城市地下水应急供水水源地研究. 水电能源科学，2010，28（1）：47-49，82.

[43] 王浩，宿政，谢新民，等. 流域生态调度理论与实践. 北京：中国水利水电出版社，2010.

[44] 谢新民，张海涛，石玉波，等. SL 459—2009 城市供水应急预案编制导则. 北京：中国水利水电出版社，2009.

[45] 蒋云钟，张小娟，韩素华，等. SL 380—2007 水资源监控管理数据库表结构及标识符标准，北京：中国水利水电出版社，2007.

[46] 谢新民，闫继军，蒋云钟，等. SL/Z 349—2006 水资源实时监控系统建设技术导则. 北京：中国水利水电出版社，2006.

[47] 辛小康，叶闽，尹炜. 长江宜昌段水污染事故的水库调度措施研究. 水电能源科学，29（6），2011.6：46-49.

[48] NIU CUNWEN，JIA YANGWEN，WANG HAO，2011. Assessment of water quality under changing climate conditions in the Haihe River Basin，China. Proceedings of symposium H04 held during IUGG2011 in Melbourne，Australia，July 2011（IAHS Publ. 348，2011），165-171.

[49] 于云江. 松花江水环境风险源管理技术研究. 北京：中国环境科学研究院，2012.